雪茄指南

〔英〕安瓦尔·巴蒂 ◎ 编著

四川中烟工业有限责任公司 ◎ 译

华夏出版社

HUAXIA PUBLISHING HOUSE

图书在版编目（CIP）数据

雪茄指南 /（英）安瓦尔·巴蒂（Anwer Bati）编著；四川中烟工业有限责任公司译 . -- 北京：华夏出版社有限公司，2022.11（2025.1 重印）
书名原文：The Cigar Companion
ISBN 978-7-5222-0397-3

Ⅰ.①雪… Ⅱ.①安… ②四… Ⅲ.①雪茄 – 指南 Ⅳ.① TS453–62

中国版本图书馆 CIP 数据核字（2022）第 143839 号

The Cigar Companion

Copyright © 1997 Quinter Publishing plc

本书中文版权归四川中烟工业有限责任公司所有，未经许可，禁止翻印。

北京市版权局著作权合同登记号：图字 01-2022-3631 号

雪茄指南

编 著 者	〔英〕安瓦尔·巴蒂
译　　者	四川中烟工业有限责任公司
责任编辑	霍本科
责任印制	刘　洋
出版发行	华夏出版社有限公司
经　　销	新华书店
印　　装	三河市万龙印装有限公司
版　　次	2022 年 11 月北京第 1 版　2025 年 1 月北京第 5 次印刷
开　　本	787 × 1092　1/16
印　　张	14.75
字　　数	200 千字
定　　价	68.00 元

华夏出版社有限公司　社址：北京市东直门外香河园北里 4 号　邮编：100028
网址：www.hxph.com.cn　电话：010-64663331（转）
投稿合作：010-64672903；hbk801 @ 163.com
若发现本版图书有印装质量问题，请与我社营销中心联系调换。

本书编译组

编　译　李东亮　蔡　文　黄　洋
　　　　张　迪　郭　佳
审　稿　李东亮

导　语

几乎没有什么乐趣能与抽一支优质雪茄相媲美，而《雪茄指南》的宗旨就是提高各种口味雪茄客的满意度。

《雪茄指南》已经修订过两次，收录了最新出现的雪茄品牌。它记录了各品牌的起源，雪茄的抽吸质量、风味和香气，现在仍是世界顶级手工雪茄的权威指南。其中的"雪茄名录"部分介绍了哈瓦那、多米尼加和洪都拉斯的所有重要雪茄品牌，以及许多不太知名然而同样具有吸引力的雪茄，并配有最受欢迎的雪茄的原尺寸全彩照片。

《雪茄指南》也探索了雪茄的制作过程，从烟叶种植一直到最终发酵、卷制、包装、运输。此外，还对古巴烟草的主要种植区做了重点介绍，并走到幕后，揭示哈瓦那举世闻名的雪茄工厂是如何运转的。

本书出自一位眼光独到的雪茄迷之手，包含了正确选择雪茄的专业性意见。对知识渊博的鉴赏家而言，通过细微的区别分辨手工雪茄是雪茄之趣的一个重要部分，而本书就是如何从优质雪茄中获得这份独特满足感的全面指南。

致 谢

如果没有雪茄行业众多人士的帮助和支持，本书是不可能完成校订更新的。为此，出版者谨向以下各位表示感谢：

Philip Thompson, C.A.O. International; Felipe Gregorio, Cigars of Honduras; Jean Clement; Janelle Rosenfeld, Consolidated Cigar Corporation; Christine Brandt and Raymond Scheurer, Davidoff; Oscar Rodriguez, Dominican Cigar Imports; Carlos Fuente Jr.; Paul Garmirian; Eddie Panners, Gold Leaf Tobacco Co.; Alan Edwards, Hollco Rohr; Liz Facchiano, J.R. Cigars; Stanley Kolker; Brian G. Dewey, Lane Limited; Robert Newman. M & N Cigar Mfrs, Inc.; Oscar Boruchin, Mike's Cigars; Bill Sherman, Nat Sherman Incorporated; Jorge L. Padron, Padron Cigars; Chris Boon, Rothman's International; Patrick Clayeux, Seita; Mark Segal, Segal Worldwide; Dorette Meyer, Suerdieck; Ralph Montero, Tropical Tobacco; Sherwin Seltzer, Villazon & Co., Inc.

出版者序言

自 1993 年此书首次出版以来，雪茄文化得到了史无前例的发展。特别是在英国和美国，抽雪茄已成为一种负有盛名的公共消遣方式，成为富豪和名流的嗜好。我们很少能看到不抽雪茄的电影明星或摇滚歌星。最近的一年里，全世界有数不清的杂志用富有魅力的动感雪茄女郎做封面。

雪茄文化的繁盛自然会给雪茄需求带来巨大影响。在为更新本书而做市场调研时，我们经常听说雪茄生产商接到大宗雪茄期货订单——有时甚至一下是 6 个月的。与此同时，雪茄需求范围也在大幅扩张，一些公司抓住这个机会向市场推出新品牌，为老品牌增加产品线；几乎无一例外，每个品牌都有了新的型号，许多换了新的包装。显然，人们有意将复古元素融入当前潮流；19 世纪首次流行于世的异形雪茄也卷土重来，再度受到人们追捧。

尽管雪茄行业的兴盛使得工作节奏发生了变化，但雪茄制造商们都慷慨解囊助力本书的第三次出版。他们长久以来给予《雪茄指南》的热情和赞誉，在雪茄贸易的多个层面得到明显体现。一些品牌将此书作为入门指南及其雪茄推销的基础，另一些则把它视为最可信赖的信息源。不管什么原因，过去的四年中，此书在雪茄世界里扮演了一个重要角色；而且可以肯定，在可预见的未来仍将如此。

1997 年 3 月

引　言

　　在某种程度上，雪茄总是会给人一种非常强烈的印象，这是香烟从未拥有过的，虽然它也很受欢迎。确实，一些香烟品牌能够引发人们的特定联想，例如万宝路香烟与牛仔，但这只是广告造成的。而雪茄给人们带来印象，不仅是通过抽雪茄的人——只要提一下温斯顿·丘吉尔、爱德华七世，以及许多好莱坞导演和制片人，如达里尔·F.柴纳克——而且包括抽雪茄的那些场合。这不仅适用于普通雪茄，更适用于本书的主题——手工雪茄。

　　本书的目标是，把尽可能多的手工雪茄知识告诉你，帮助你更好地了解它们，不论你是经常抽还是偶尔抽。总之，写作这本书就是为了提高你品鉴优质雪茄的能力，让你对它们更感兴趣。

作者：安瓦尔·巴蒂

1993 年 3 月

新版引言

我从事雪茄行业这十八年主要是在哈瓦那公司度过的。他们向我支付薪水，你们知道，所以阅读本书时请注意里面的自利偏差。话虽如此，对于雪茄我们都有基于自身口味的偏好。我的不太可能跟你的相一致。说到底，你要自己做选择。

自本书第一版出版以来，雪茄的发展进入了一个令人兴奋的阶段。"雪茄热潮"，"雪茄复兴"，你怎么叫它都可以。对于我来说，则是从 1992 年 2 月开始了在古巴的埃尔·科罗霍种植园的日子。安瓦尔·巴蒂、马文·尚肯和我站在那里，看着巨大的茄衣烟叶在薄纱之下慢慢成熟，就连马文都无法预见接下来会发生什么。

在修订和更新《雪茄指南》的过程中，我希望能公正地对待安瓦尔的原作，并像他一样，增加你从雪茄中获得的乐趣。

第二版作者：西蒙·切斯
1995 年 5 月

目　　录

第三章　雪茄的购买与储存

第一章

雪茄故事

克里斯托弗·哥伦布。他的属下是最早见识到北美抽烟习俗的欧洲人。

第一节　雪茄世界

    没有人确切知道烟草种植是从什么时候开始的，但可以肯定的是，美洲大陆的原住民是最早种植烟草并且抽吸这种植物的人。这种植物最初可能源自墨西哥的尤卡坦半岛。中美洲的玛雅人无疑会使用烟草，当玛雅文明没落之后，分散的部落将烟草带到了南美洲和北美洲。在北美洲，烟草最先很可能被密西西比印第安人用于祭祀仪式。直到1492年克里斯托弗·哥伦布完成他伟大的航行，烟草才受到世界其他地区的关注。

几乎可以肯定，美洲印第安人是最早的雪茄客。

这种习俗并没有给哥伦布本人留下深刻的印象，但很快来自西班牙和欧洲其他国家的水手们便沉迷其中，然后是西班牙征服者和殖民者。后来征服者返回欧洲，又将抽烟习俗带到了西班牙和葡萄牙。接着，通过法国驻葡萄牙大使让·尼古特（Jean Nicot）（尼古丁和烟草的拉丁文学名就来自他的名字），这个象征财富的习俗传入法国，然后是意大利。在英国，尽人皆知沃尔特·雷利（Walter Raleigh）爵士可能是引进烟草并使抽烟成为时尚的第一人。

有人说，tobacco（烟草）这个词是加勒比海的 Tobago（多巴哥岛）的变形。其他人则认为它来自墨西哥的 Tabasco（塔巴斯科）州。Cohiba 在古巴的泰诺族印第安人的语言中是烟草的意思，但现在用来指雪茄。Cigar（雪茄）一词来源于玛雅语中的 sikar，是抽烟的意思。

虽然烟草种植园早在 1612 年就出现于弗吉尼亚州、1631 年出现于马里兰州，但当时的北美殖民者只用烟斗抽烟。人们认为，雪茄是 1762 年才由伊斯雷尔·帕特南从古巴引入的，当时他是英国军队里的一名军官，后来在独立战争中成为一名美国将军。他回到位于康涅狄格州的家中时，带着上等的哈瓦那雪茄和大量的古巴烟草。17 世纪以来，殖民者就开始在康涅狄格州种植烟草，在那之前是印第安人。不久，哈特福德地区建立了雪茄工厂，人们开始尝试种植古巴烟草。康涅狄格州的烟叶生产始于 19 世纪 20 年代，如今出产古巴之外最好的茄衣烟叶。到 19 世纪初，美国不仅大量进口古巴雪茄，而且国内的雪茄生产也开始腾飞。

抽雪茄的习惯（相较于其他抽吸形式）是从西班牙传至欧洲其他地方的。自 1717 年起，西班牙的塞维利亚就采用古巴烟草制造雪茄。1790 年，雪茄制造业已经扩展到比利牛斯山以北，法国和德国境内也建立了小型烟厂。但是抽雪茄在法国和英国并没有真正流行起来，直到对抗拿破仑的半岛战争（Peninsular War，1806—1812）发生，退伍的英法士兵将他们在西班牙服役时学到的抽烟习惯带回国内。当时，鼻烟取代了烟斗，成为吸食烟草的主流方式，而抽雪茄则是一种新时尚。雪茄最初被英国人叫作 segar，1820 年开始在英国生产。1821 年，英国通过一项议会法案来管控雪茄生产。因为被加征了一项新的进口税，外国雪茄在英国成为一种奢侈品。

很快，欧洲对高品质雪茄的需求大增，西班牙的塞维利亚雪茄被古巴雪茄（当时古巴是西班牙殖民地）所取代。这在很大程度上是西班牙国王斐迪南德七世（Ferdinand Ⅶ）于 1821 年颁布一项法案的结果，该法案鼓励由西班牙政府专营的古巴雪茄生产。当时抽雪茄在英国和法国变得如此流行，以至于吸烟车厢成为欧洲火车的一个特色，俱乐部和旅店也设有吸烟室。这种习俗甚至影响到服饰——吸烟上衣随之面世。在法国，无尾礼服至今仍适用于抽烟场合。19 世纪末，餐后抽根雪茄，再配上波特酒或白兰地，已成为约定俗成的传统。当时的时尚界领袖、威尔士亲王（即后来的爱德华七世）

西班牙国王斐迪南德七世。他曾大力推动古巴雪茄的生产。

是个雪茄狂，更是促进了雪茄的风行。这让他的母亲维多利亚女王很是生气，她对这种习俗不感兴趣。

　　直到南北战争以后，抽雪茄才真正在美国流行起来（尽管19世纪初的第六任总统约翰·昆西·亚当斯是个忠实的雪茄客，之后的尤利塞斯·格兰特总统也变成了雪茄爱好者）。美国采用古巴烟叶，生产昂贵的国产雪茄——纯哈瓦那。现在，哈瓦那已成为雪茄的代名词。一些知名的美国雪茄产自宾夕法尼亚州的康尼斯托加，例如细长的"斯托吉"（stogie）雪茄。19世纪末，雪茄在美国已经成为一种身份的象征，品牌也变得很重要。例如，有一种"亨利·克莱"雪茄，就是以参议员的名字命名的。19世纪70年代的税收减免政策使雪茄变得更加流行、更易购得，同时鼓励了国产雪茄的生产。1919年，伍德罗·威尔逊总统的搭档副总统托马斯·马歇尔在参议院开诚布公地说："国家真正需要的是价值五分钱的好雪茄。"

19世纪中期的一个英国雪茄工厂图示。

然而直到近 40 年后，马歇尔的目标才借由机器得以实现，机制雪茄这一新生产方式使得廉价雪茄成为可能。然而，在过去的 20 年里，美国各类雪茄的总销量有所下降，从 1970 年的 90 亿支下降到现在的 20 亿支。

1920 年，制造雪茄的机器被引入美国（在古巴，波尔·拉腊尼亚加公司最先采用机器生产雪茄），美国生产的手工雪茄占比由 1924 年的 90% 跌至 20 世纪 50 年代末的 2%。

在古巴，情况则有所不同，因为雪茄在那里已成为国家的一个象征。16 世纪以后，随着出口的增长，古巴农民开始改种烟草，并与大地主长期抗争。一些人成为佃农，另一些人则被迫寻找新的可耕土地，包括比那尔·德·里奥（Pinar del Rio）和奥连特（Oriente）等地区。

19 世纪中叶，烟草自由贸易诞生了，烟草种植园达 9500 家，

马尼拉一家雪茄工厂下班的女性，注意她们抽着雪茄。

哈瓦那以及其他城市的烟草工厂不断涌现（有一个时期烟草工厂多达1300家，而20世纪初仅有120家左右），此时雪茄产业完全成熟了。在1857年设置关税壁垒前，古巴雪茄主要出口到美国。同一时期，雪茄的品牌和型号开始差异化，并出现了雪茄盒和茄标。

随着工业发展，雪茄制作工成为古巴工人阶级的核心，一个独特的组织也于1865年成立了，并且一直延续至今：工友们阅读文学、政治以及其他文本给工人听，包括左拉、大仲马和维克多·雨果的作品。这样可以缓解工作中的无聊，同时提高工人的教育水平。19世纪最后25年里，伴随着古巴独立战争引发的政治动荡，许多雪茄制作工移民到美国或附近岛屿如牙买加，并在坦帕（Tampa）、基·韦斯特（Key West）和金斯顿（Kingston）等小镇建立了雪茄工厂。

1895年，古巴发生了以民族英雄何塞·马蒂为首的反抗西班牙的革命战争，古巴侨民为这次战争提供了大量资金。后来，在古巴，越来越多关心政治的雪茄制作工在国民生活中扮演了重要角色。马蒂发动起义的指令，就是象征性地藏在一支雪茄里，从基·韦斯特送到古巴的。在1959年菲德尔·卡斯特罗反对巴蒂斯塔将军的革命之后，雪茄工人仍然葆有政治意识。当卡斯特罗开始将古巴本国和外国的资产收归国有，美国在1962年对古巴实施禁运，这意味着，哈瓦那雪茄不能再合法地出口到美国，除非是少量个人使用。古巴的雪茄工厂（大多数为美国所有）同其他一切都被国有化，在古巴烟草公司（Cubatabaco）控制下实行国家专营。

许多被剥夺了产权的雪茄工厂所有者——如帕利西奥（Palicio）、西富恩特斯（Cifuentes）和梅内德斯（Menendez）家族等——离开古巴后，决心再次启动雪茄生产，通常还用他们在古巴所拥有的品牌名称。结果是，罗密欧与朱丽叶（Romeo Y Julieta）、乌普曼（H. Upmann）和帕塔加斯（Partagas）在多米尼加共和国生产，古巴荣耀（La Gloria Cubana）在迈阿密生产，潘趣（Punch）和好友蒙特

古巴仍在生产特供领导人菲德尔·卡斯特罗的极品雪茄，用于赠送国宾、外交官等。

雷（Hoyo de Monterrey）在洪都拉斯生产，桑丘·潘沙（Sancho Panza）在墨西哥生产。至于蒙特科鲁兹（Montecruz），明显是从原来的名字蒙特克里斯托（Montecristo）变来的，它们最初在加那利群岛生产，如今则量产于多米尼加共和国。虽然有着相同的名称，但就口感而言，这些雪茄大都与哈瓦那雪茄几乎没有关系，尽管它们可能也制作精良。也有一些新创立的品牌，如唐米格尔（Don Miguel）、唐迭戈（Don Diego）和蒙特西诺（Montesino）等。经过当地和美国厂商 20 年的投资，在 20 世纪 90 年代，多米尼加共和国的雪茄产业迅速发展起来。1992 年 9 月，《雪茄迷》（Cigar Aficionado）创刊，引爆了美国消费者对于手工雪茄的热情。相较于其他国家，多米尼加从中受益甚多。

　　20 世纪 90 年代之初，多米尼加共和国出口到美国的雪茄以每年 5% 左右的速度增长。1993 年这一数值跃升至 18%，有 5500 万支手工雪茄运到美国，超过美国手工雪茄进口量的一半。1994 年增长仍在持续，总计达到 20%，有些工厂声称增长了近 40%。如今摆在多米尼加雪茄生产商面前的最大问题，似乎是找到足够多的优质烟叶来制作手工雪茄。

同一时期的古巴却没有这么幸运。苏联解体之后两年，这个岛国的国内生产总值蒸发了一半。雪茄产业受到的打击相对较小，因为其必不可少的原材料——烟草，全都是古巴岛所产。然而，原本从东方阵营进口的化肥、包装材料甚至普通物品如绳子等的短缺还是造成了严重的不良影响。

其中也有天气的因素。布埃尔塔·阿瓦霍（Vuelta Abajo）地区的非季节性降雨影响了 1991、1992 年的烟草收成。1993 年 3 月发生的大风暴除了造成纽约积雪 10 英尺（304.8 厘米）外，还摧毁了帕尔蒂多（Partido）的茄衣烟叶种植区。哈瓦那雪茄产量从 1990 年顶峰时期的 8000 万支下降到 1994 年的 5000 万支左右。世界各地的雪茄爱好者不得不艰难地搜寻钟爱的哈瓦那雪茄，然而他们面临的困难与在古巴的同好者所遭受的艰难相比显得微不足道。古巴本土雪茄产量从 1990 年引人瞩目的 2.8 亿支骤降了一半以上，因此出现了严格的定额配给政策。

这种命运变化对于吃苦耐劳的古巴人民来说并不是新鲜事，就在古巴革命战争之后，雪茄的出口量曾降至 0.3 亿支。

最近，哈伯纳斯公司（Havanos SA）从国营企业古巴烟草公司那里接管了哈瓦那雪茄的大部分营销职责。1995 年以来，它与国际合作伙伴进行硬通货交易，为其提供烟叶原料。

没有什么比雪茄更适合作为资本主义和富豪阶层的象征。大亨们抽着大哈瓦那雪茄的时候，似乎显得更快乐、更成功。它代表着权力、特权、声望，尤其是财富。当然，讽刺的是，哈瓦那雪茄的产地是世界上为数不多的实行共产主义制度的国家之一。

如果你觉得雪茄烟草种植和雪茄生产仅限于古巴和多米尼加共

典型的雪茄客：好酒，好烟。

和国，那就大错特错了。附近牙买加的雪茄产业发展已经超过一个世纪，几个中美洲国家如墨西哥、洪都拉斯、尼加拉瓜等拥有更久的雪茄制作传统。厄瓜多尔现在生产一种高品质的茄衣烟叶，奇怪的是被称为"厄瓜多尔/康涅狄格"；而巴西也创造了属于自己的拥有独特口感和风味的雪茄。更远一些，印度尼西亚的爪哇岛和苏门答腊岛长久以来一直为荷兰、德国和瑞士的雪茄制造商供应烟叶，菲律宾则为西班牙供应烟叶。非洲的喀麦隆为世界贡献了很受欢迎的浓郁的深色茄衣烟叶。

多米尼加共和国

位于古巴东方的多米尼加共和国，有着与古巴相似的气候和非常适宜烟叶生长的环境，特别是锡巴奥河谷地（Cibao River Valley）。过去15年，它成为顶级手工雪茄的主要出口国，尤其是对于美国，每年至少要从那里进口6000万支雪茄，这占了美国手工雪茄市场的半壁江山。这引起了主要的雪茄制造商，如通用雪茄公司（拥有帕塔加斯品牌）和联合雪茄公司（拥有唐迭戈和普里莫·德尔·雷伊品牌）的注意。联合雪茄公司将其业务从加那利群岛迁移至多米尼加。多米尼加生产的大部分烟叶仅用作茄芯。实际上，那里制作雪茄所用的全部茄衣烟叶和很多茄套烟叶是从美国（康涅狄格州）、喀麦隆（用来制作帕塔加斯等雪茄）、巴西、洪都拉斯、墨西哥和厄瓜多尔等国进口的。有些茄芯烟叶也是从国外进口的。现在，富恩特家族正引领推动增加国内种植的烟草品类。茄衣烟叶常被认为是最大的挑战，目前已经出现在富恩特家族的种植园里……而且越来越多地用在他们的雪茄上。

康涅狄格河谷

康涅狄格河谷的沙质壤土[在10英尺（304.8厘米）高的巨大帐篷下，创造出适合顶级雪茄烟叶生长的环境]和所使用的黑兹尔伍德（Hazelwood）品系的古巴雪茄种子，造就了世界上最好的茄衣烟叶之一——康涅狄格阴植叶（Connecticut Shade）。这种烟叶的种植成本很高，每磅售价高达40美元，这使每支雪茄的价格提高了50美分到1美元。这里的烟草3月份播种，8月份收获。烟草的调制过程基本与古巴相同，但会小心地使用煤气炉从下面进行加热，而这是有所助益的。康涅狄格的茄衣烟叶用于麦克纽杜雪茄（Macanudo）和多米尼加制作的大卫杜夫雪茄。

古巴，比那尔·德·里奥，布埃尔塔·阿瓦霍

虽然有些人并不赞同（尤其是康涅狄格、多米尼加和洪都拉斯的烟叶生产商），但是一般都认为世界上最好的雪茄烟叶产自古巴，特别是比那尔·德·里奥省（Pinar del Rio）的布埃尔塔·阿瓦霍（Vuelta Abajo）地区。

比那尔·德·里奥地处古巴的西端，坐落于山海之间，是古巴第三大省。这一地区朝向墨西哥的尤卡坦半岛，地势起伏，郁郁葱葱（远古时代它位于海平面以下），很像东南亚和路易斯安那州、佛罗里达州的南部地区。哈瓦那附近没有发达或者发展的迹象，那里60万居民的生活和居住条件都很原始，然而农业条件——气候、降水和土壤（一种红色的沙质壤土）——非常适合当地的主要产业烟草生产。烟草种在小块耕地上（许多是私有土地，但以固定的价格将烟草卖给政府），总面积约为10万英亩

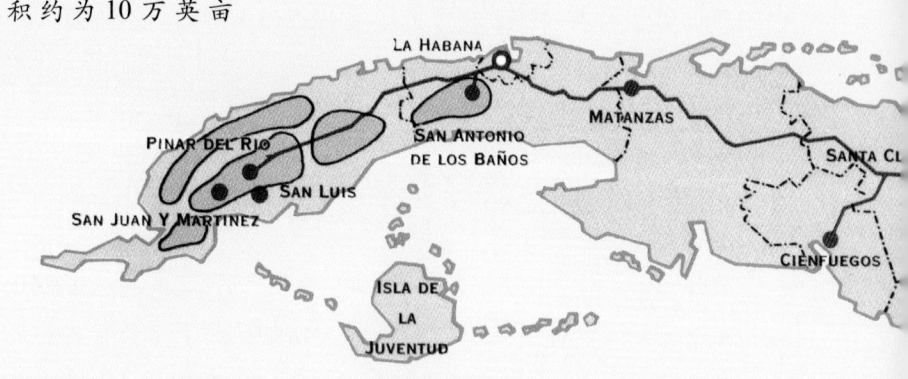

（404.7平方千米）。它

们一小块一小块地在平原上拼接起来。革命战争以前，大片土地归主要的烟草公司所有，到了今天，虽然有威古洛（Vegueros）品牌这样拥有150英亩（0.61平方千米）土地的例子，但大多数烟草都是在5—10英亩（0.02—0.04平方千米）的耕地上种植的。在烟草季之外，同样的土地上经常种上玉米。比那尔·德·里奥省总面积

160平方英里（414.4平方千米），布埃尔塔·阿瓦霍地区占了大部分。烟草在这里大量种植，但是最优质的、名为哈瓦那或哈伯纳斯的雪茄烟叶，产自以圣胡安·马丁内斯（San Juan y Martinez）和圣路易斯（San Luis）两镇为中心的小得出奇的一片区域。茄衣烟叶的种植面积不足 2500 英亩（10.1 平方千米），茄芯和茄套烟叶的种植面积为 5000 英亩（20.2 平方千米）。其中最著名的是埃尔·科罗霍（El Corojo）种植园和好友蒙特雷（Hoyo de Monterrey）种植园，前者的科罗霍茄衣烟叶种植十分发达，而后者以其茄芯烟叶而闻名。

比那尔·德·里奥省是古巴降雨量最高的地区之一，每年可达 65 英寸（165.1 厘米）。虽然降雨对烟草生长很重要，但在每年 11 月至次年 2 月的主要生长期内，降雨量仅 8 英寸（20.3 厘米）左右，平均只有 26 天下雨。烟草是在旱季生长的，但 5 月到 10 月的暴雨使得土壤里水分充足。生长期内平均温度为 80 ℉（26.7℃），每天日照时间 8 小时左右，平均湿度为 64%。塞米布埃尔塔（Semivuelta）是比那尔·德·里奥省的第二大烟草种植区，出产的烟叶比布埃尔塔·阿瓦霍烟叶更厚，更芳香。这种烟叶曾出口到美国，但现在仅用于古巴本土雪茄生产。

哈瓦那附近的帕尔蒂多（Partido）也种植高质量的茄衣烟叶，用于制作手工哈瓦那雪茄。位于古巴岛中部的雷梅迪奥斯（Remedios）和东端的奥连特（Oriente）同样生产烟草，但不能用于制作顶级雪茄。

第二节　雪茄制作

雪茄烟叶的种植

以下内容围绕哈瓦那雪茄展开，但总的来说，其他雪茄的制作过程也是类似的。

雪茄是一种自然产品，常被拿来与葡萄酒做比较（虽然这种比较往往会一发不可收拾）。雪茄的品质与制作过程中所使用的烟叶的类型和质量有直接关系，正如葡萄酒的品质取决于所使用的葡萄的类型和质量。

烟草苗床必须建在平坦的田地里，这样种子才不会被雨水冲走。播种之后用布或秸秆覆盖，以免照到阳光。种子开始发芽，要逐步将覆盖物移除，大约35天后（其间喷洒杀虫剂）——通常在10月

圣路易斯的埃尔·科罗霍种植园内，茄衣烟叶移栽一周后的景象。

份下半月时——妥善地移栽到烟田里，让叶子接受雨水、早晨的露水和灌溉水的滋润。

烟株可以分为三部分：顶部或冠部、中段和底部。随着叶子生长，花蕾也开始出现。花蕾必须人工去除，以免妨碍叶子和植株生长。在任何雪茄中，茄衣烟叶的质量都是至关重要的。专用于制作顶级雪茄茄衣的科罗霍（Corojo）烟草，总是生长在以高木柱支撑的纱网下面。这样可以避免因日照过多，叶子变得太厚。这种被称为"遮阴"（tapado）的技术，也有助于叶子保持平整光滑。

收获时节到来时，烟叶全靠人工逐一采收。那些用作茄衣的烟叶 5 片为一束。烟叶的采摘分为六个阶段：基部叶（libra de pie）、1½ 处叶（uno y medio）、中段浅叶（centro ligero）、中段薄叶（centro fino）、中段厚叶（centro gordo）和顶部叶（corona）。基部叶不会用作茄衣。每个阶段间隔一个星期。最好的烟叶位于植株中段；顶部烟叶通常油分太高，不能用作茄衣——除非是供国内消费——一般用作茄套。整个周期，从幼苗移植到收获结束，大约

古巴烟草植株

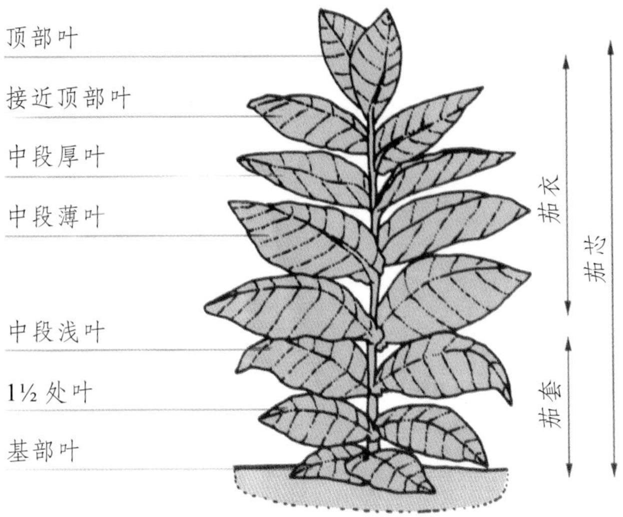

- 顶部叶
- 接近顶部叶
- 中段厚叶
- 中段薄叶
- 中段浅叶
- 1½ 处叶
- 基部叶

茄衣
茄芯
茄套

需要 120 天，每棵烟株平均要被照护管理 170 次，这使烟草种植成为典型的劳动密集型工作。

遮阴生长的茄衣烟叶，根据颜色可以分为浅叶（ligero）、干叶（seco）、滑叶（viso）、黄叶（amarillo）、半纹理叶（medio tiempo）、破叶（quebrado）；在阳光下生长的茄衣烟叶被分为淡叶（volado）、干叶、浅叶、半纹理叶。烟株顶部的浅叶口味浓烈，中部的干叶口味淡得多，底部的淡叶用来增加体量、提高燃烧质量。制作好雪茄的技巧在于，将它们按一定比例混合——赋予成品雪茄温和、适中或浓郁的口味——用合适的茄衣烟叶卷起来，并确保燃烧良好。烟叶也可以根据尺寸（大、中、小）和物理状态（不健康或破损的烟叶用来制作香烟或机制雪茄）分类。如果所有的叶子都

在古巴的拉·圭拉（La Guira），收获的茄衣烟叶被送到调制仓库。

是完好的，一株茄衣烟叶可以卷制 32 支雪茄。茄衣烟叶的状态和质量对于雪茄迷人的外观和气味至关重要。

　　成捆的烟叶随后被送到种植园的烟叶仓库里进行调制。仓库朝西，太阳早晨照射一面，午后照射另一面。仓库里的温度和湿度要严格控制，根据温度或降雨量的变化，在必要时打开或关闭两端的门（通常是关闭的）。

　　烟叶到达仓库后，就用针线穿起来悬挂在杆子上。杆子是水平吊着的（位于仓库高处，可以让空气流通），每根挂 100 片左右的烟叶，根据天气不同晾制 45 到 60 天。在此期间，叶子中绿色的叶绿素变成棕色的胡萝卜素，标志性的颜色便产生了。然后取下杆子，将线剪断，按类型把烟叶堆叠成捆。

　　随后烟捆被送到发酵室，堆成大约 3 英尺（91.4 厘米）高的垛，用黄麻盖上。烟叶中留存着足够的水分，引发了第一次发酵——类似堆肥的过程。发酵产生了热量，但是必须仔细监控温度的变化，

把茄衣烟叶穿在一起，50 张为一批悬挂起来。

在 35 到 40 天的发酵期内保持烟垛完好，同时使其温度不超过 92 ℉（33.3℃），这样烟叶才会呈现一致的色泽。

接着将烟堆散开，让烟叶冷却。它们的下一站是分拣室，在那里根据颜色、大小和纹理进行分级，茄芯烟叶的叶梗部分也会被去除。在准备处理时，要用纯水喷湿茄衣烟叶，用水和烟草茎汁混合喷湿茄芯烟叶。

按照传统，分类和除梗的工作由女性来完成。每片烟叶都要进行细致的检查和分级。破损的烟叶留作制造香烟。

烟叶在木板上被压平，然后送回发酵区。在黑暗的房间里，烟叶被码成高达 6 英尺（182.9 厘米）的烟垛。潮湿的烟叶开始了第二次发酵，程度远超第一次。烟垛里埋着一个穿孔的木箱，其中插着一支剑状的温度计。发酵持续约 60 天（有些种类的烟叶时间长些，有些时间短些），其间垛内的温度不能超过 110 ℉（43.3℃）。温度高了要把烟垛拆分，待烟叶冷却后再堆起来。在烟叶析出杂质的

在卷制高希霸（Cohiba）雪茄前，先将茄衣烟叶打湿。

同时，氨也被释放了出来。

经过发酵，雪茄烟叶的酸度、焦油和尼古丁含量相比香烟大幅降低，因此更为适口。

现在，到了将烟叶送到工厂或仓库的时候。用棕片把烟叶裹成方形大包，这有利于它们保持恒定的湿度，并且慢慢发酵成熟，直到要用的时候——有时长达两年。

挑选和发酵烟叶是漫长而复杂的过程，必须严格管理，这对手工雪茄最终呈现的风味至关重要。

雪茄的结构

手工雪茄有三个组成部分：茄芯、茄套、茄衣。在抽吸的时候，每部分都有不同的功能。

茄衣决定了雪茄的外观。如前所述，茄衣烟叶都是在纱网下生长的，并且单独发酵，以确保其光滑、油分不太多且具有一种微妙的芬芳。茄衣烟叶还要柔软、有韧性，方便手工卷制。

不同种植园出产的茄衣烟叶颜色有所差异（而且口味也会有些微不同，例如颜色较深的会甜一些），用于不同的品牌。优质茄衣必须富有弹性，且没有突出的叶脉。它们要经过12—18个月的熟化，时间越长越好。非古巴手工雪茄的茄衣可能来自康涅狄格州、喀麦隆、苏门答腊、厄瓜多尔、洪都拉斯、墨西哥、哥斯达黎加或尼加拉瓜。茄衣是雪茄中最昂贵的部分。

茄套使整支雪茄定形，通常用两半片烟株上部日照较多、较粗糙的叶子制作，这种烟叶具有良好的抗拉强度。

茄芯用不同的叶片手工纵向叠成，这样可以形成通道，雪茄点燃时烟气可以从中通过。这种折叠方式只有凭手工才能完全实现，而这也是机制雪茄不那么令人满意的主要原因所在。这一茄芯处理方式有时被称为"书"式——也就是说，如果你用剃刀将一支雪茄

雪茄烟叶制作流程

1. 茄衣烟叶调制仓库。当叶绿素转变为胡萝卜素时，叶子就变成了褐色。

2. 分拣室。将烟堆打开，然后喷湿、分级。

3. 初次发酵时检查茄衣烟叶。

4. 根据大小、颜色和纹理对茄衣烟叶进行分类。

背景图：在纱网遮蔽下生长的茄衣烟叶。

纵向切开,茄芯烟叶看起来就像书页一般。过去,茄芯有时会采用"管"式处理法制作——多达八根用烟叶卷成的细管,滚上黏合剂粘在一起——这样的雪茄能以非常缓慢的速度燃烧。

茄芯中通常包含三种不同类型的烟叶（较大型号的雪茄,如蒙特克里斯托2号,使用四种类型的烟叶）。

来自烟株顶部的浅叶经过日光曝晒,产生了油分,因此颜色深、味道浓郁。它们至少要熟化两年才能用来制作雪茄。浅叶总是放在雪茄的中间部位,因为它燃烧得很慢。

干叶来自烟株中部,颜色和味道淡得多。它们通常熟化18个月左右之后使用。

淡叶来自烟株底部,只有一点或几乎没有味道,但是具有良好的燃烧性能。它们熟化大约九个月,然后使用。

这些不同烟叶的精密混合决定了每种品牌和型号雪茄的风味。例如,拉蒙·阿隆（Ramon Allones）等味道浓郁的雪茄,茄芯中浅叶较多;口味温和的乌普曼（H. Upmann）雪茄,以干叶和淡叶为主。又小又细的雪茄通常一点浅叶也不用。茄芯的一致性是通过混合不同收获批次、不同农场的烟叶实现的,所以对于雪茄制造来说囤积大量熟化好的烟叶是至关重要的。

雪茄的卷制

卷制手工雪茄时,将两到四片茄芯烟叶（视雪茄的型号和强度而定）并排放在一起,用两半片茄套烟叶卷起来——做成"茄束"。在此过程中需要高超的技艺,让茄芯排布均匀,以保证雪茄抽吸顺畅。把做好的茄芯（卷在茄套里）放入木制模具,用带有机械冲床的"聚束器"压紧——现在比过去更常采用这种方式来完成这一过程。在哈瓦那工厂,做茄束和最后上茄衣是由同一个人完成的。不同工厂的惯常做法有些许不同,例如在多米尼加共和国的工厂里,有专门做茄束的团队和专门上茄衣的团队。无论哪种做法，结果都是每名卷制工的工作台上，全都摆满了准备在当天制成雪茄的已经定形的茄束。

茄芯多余的部分要从末端修剪掉，使其形成一个圆顶。接着挑选一片茄衣烟叶，将残余的叶梗除去，用一种名叫宽刃刀（chaveta）的椭圆形钢刀片裁成恰当的大小（只选用中间部分，叶面朝下放置，以免露出任何叶脉）。将茄束以一定角度横放在茄衣烟叶上，根据需要把茄衣烟叶拉紧，仔细地在茄束上缠绕，每一圈都有部分重叠，最后用一小滴无色无味的黄芪胶粘住。然后用宽刃刀的侧面滚动雪茄并轻轻施压，确保其结构均匀。接着，从手头正在修剪的茄衣上裁下一个小圆片（约小硬币大小）做成茄帽，粘在雪茄的适当位置。至于蒙特克里斯托特级（Montecristo Especial）这样的雪茄，末端的封闭则是通过拧转茄衣尾部完成的。这种封盖雪茄的方式被称为"旗法"——让茄衣平顺地形成茄帽，需要高度熟练的工艺。"旗法"仅于制作顶级手工雪茄。最后，从未封口的一端裁切，得到合适的长度。

你能从一支雪茄中得到多少享受，它的结构是关键因素。雪茄如果不紧实，则容易抽吸，但是燃烧得很快，太热而且口感辛辣刺激。相反，如果过于紧实，就很难抽吸，或者说会"堵塞"（plugged）。好的雪茄必须是一致的。这要靠卷制技术、质量控制和原料资源（适当的烟叶储备是最基本的）来确保，这一年的雪茄要跟去年的一样，即使当年的收成不好。

卷制一支雪茄

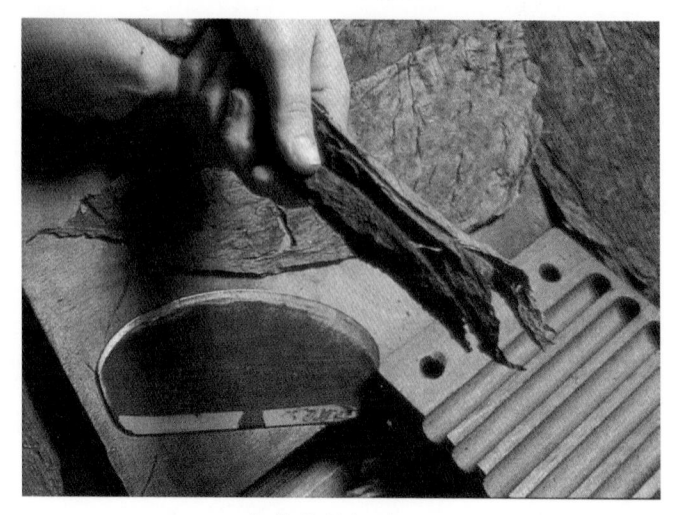

归拢茄芯烟叶。

茄束压制之后,准备上茄衣。

哈瓦那的埃尔·拉吉托(El Laguito)工厂,正在卷制高希霸长矛雪茄(Cohiba Lancero)。

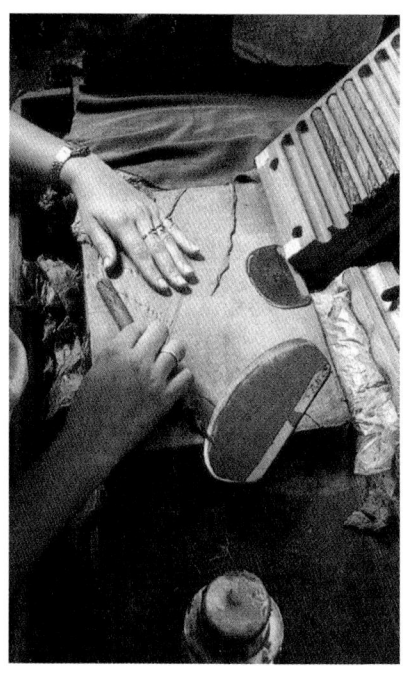

用宽刃刀（chaveta）裁去多余的部分。

易破损的茄衣在卷制前要小心地铺展开。

上茄帽

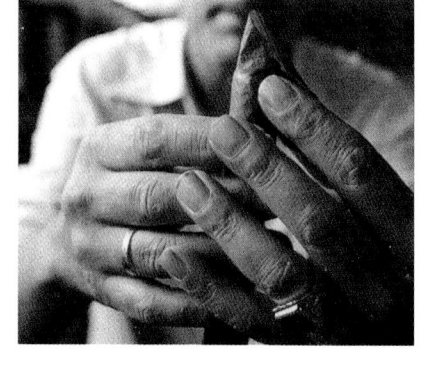

通常用裁剪的茄衣烟叶做茄帽。

哈瓦那雪茄工厂

现在的哈瓦那雪茄工厂几乎与19世纪中期雪茄制造技术标准化和雪茄生产工业化时一样。如今古巴只有8家工厂生产手工雪茄（20世纪初这一数字是120家）。革命战争之后，这些工厂被官方更改了更符合意识形态的名称，但其中大多数仍在用革命前的名称，并且仍把它们的旧招牌挂在外面。最著名的有乌普曼（现名何塞·马蒂）、帕塔加斯（现名弗朗西斯科·佩雷斯·杰尔曼）、罗密欧与朱丽叶（现名布里奥内斯·蒙托托）、皇冠（La Corona）（现名费尔南多·罗伊格），以及最优秀的埃尔·拉吉托——最初作为一所培训学校成立于20世纪60年代中期。每个工厂都有一系列口味独特的专属品牌。例如帕塔加斯工厂专门生产口味浓郁的雪茄，包括玻利瓦尔、拉蒙·阿隆、古巴荣耀（Gloria Cubana），当然还有帕塔加斯等6个品牌。工厂生产的雪茄通常也有特定的尺寸范围。

不同工厂的生产流程基本相同，虽然规模和氛围各有差别。例

大名鼎鼎的哈瓦那帕塔加斯工厂。

哈瓦那雪茄生产流程

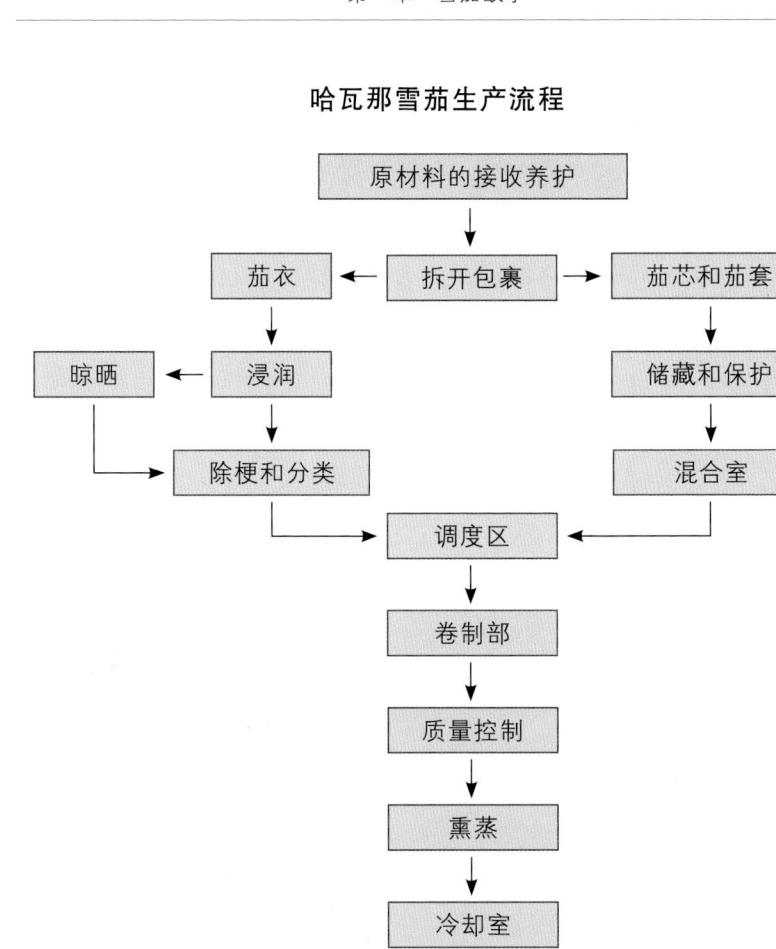

如气派的埃尔·拉吉托工厂，它是一所意大利风格的宅邸（建于
1910年），是马奎斯·德·比纳尔·德·里奥的故居。它位于一个
阔绰的郊外住宅区，由三栋建筑组成。另一方面，1845年建于哈瓦

那市中心，只有三层楼的相当幽暗的帕塔加斯工厂，相比之下更接地气。拉吉托是首个雇用女性卷制工的工厂，即使到了今天，94 名卷制工中的大部分也都是女性。帕塔加斯拥有 200 名卷制工，是雪茄出口量最大的工厂，每年生产 500 万支雪茄。无论到了哪个工厂，你都能看到墙上写着革命标语，挂着卡斯特罗、切·格瓦拉及其他人的肖像。另外还有"质量是对人民的尊重""重视质量"等标语。

据估算，从烟草种子播种到产品完成、可以用于销售，一支手工哈瓦那雪茄至少要经历 222 个步骤。工人们的细心和专业不仅对雪茄的外观至关重要，而且影响它的燃烧状况和实际口感。因此这也就不足为奇了：卷制工的学徒期是一个漫长且充满竞争的过程，长达 9 个月。许多人被淘汰，胜出者也只能先卷制小型号的雪茄，

哈瓦那的雪茄卷制工。

合格之后才能卷制更大——通常味道更浓郁——的雪茄。

雪茄卷制工（torcedore）在大房间里工作，那里存在着一项可以追溯到 1864 年的老习俗——大声读书或者报纸。工人们会不时打开收音机，听听新闻和重要消息，还会挑选声音富有表现力且有文化的同事作为朗读者（lector），并从自己的工资中拿出一小部分作为对他的补偿。所有的卷制工都是按照所生产的雪茄的数量计酬。每名卷制工都是从做茄束一直负责到最后裁成合适的型号。他们将调配好的茄芯烟叶和茄套准备好，然后压入对应型号的木制模具。模具的使用始于古巴革命战争之前，大约在 1958 年。结果是，每名雪茄卷制工——坐在很像旧式课桌的工作台边——开始工作时，都准备好与当天要制作的型号和品牌的雪茄相应的茄芯份额。一切都需要全神贯注，错误就意味着昂贵的代价。但气氛是欢快的，卷制工因为他们的工作而非常自豪。如果有参观者进入房间，卷制工们会同时用宽刃刀轻敲工作台以示欢迎。

现在仍在生产的手工雪茄型号多达 42 种，一名优秀雪茄工人一天通常可以卷制出 120 支中等型号的雪茄（特别熟练的卷制工可以

雪茄卷制工的典型工作场所。

卷制多达 150 支）——平均 4 到 5 分钟一支。但如果是蒙特克里斯托 A 型号的雪茄，则平均每天只能卷制 56 支。一些明星卷制工，如乌普曼工厂的郝苏斯·奥尔蒂斯（Jesus Ortiz），可以做得好得多：他一天能制作的蒙特克里斯托 A 的数量可达惊人的 200 支。

卷制工一天工作 8 小时，通常每周 6 天，月薪 350—400 比索（官方汇率为 350—400 美元）。他们每天可以带 5 支雪茄回家，工作时则可以尽情享用。

在哈瓦那的工厂，卷制工分为 7 个等级，经验最浅的卷制工（4 级）只能制作小皇冠（petit corona）及以下型号的雪茄，5 级卷制工可以制作皇冠（corona）以上型号的雪茄，6 级和 7 级卷制工（后者中包括少量明星卷制工）则可制作难做且特殊的型号，如金字塔形雪茄。卷制工技术的好坏会直接影响每英寸雪茄的最终成本。换句话说，小号雪茄的成本要比大号的低。

每名卷制工都用彩带把自己制作的雪茄（按照型号和品牌）捆成 50 支一束。这种雪茄束被称为"半轮"（media ruedas），大部分都要送去真空熏蒸室杀灭可能存在的害虫。每名卷制工还都会被抽检部分产品，以检查质量。

埃尔·拉吉托工厂的质量控制负责人费尔南多·巴尔德斯（Fernando Valdez）会从每名卷制工每天卷制的雪茄成品中抽出五分之一进行检查（而在帕塔加斯工厂只抽检 10%），检查项目不少于 8 个，如长度、重量、松紧度、茄衣平滑度，以及尾部裁切是否完好等。随后，不同批次的雪茄会由一组 6 人的专业品烟师（catadore）——他们自身也要每 6 个月接受一次严格考核——就其质量进行评定，例如香气、燃烧状况和抽吸难易程度等。不同类型雪茄的评定有着不同的侧重点。例如，测试粗大的罗布图（robusto）雪茄时，口味是最重要的；但对于纤细的宾丽型号（panetela size）雪茄来说，抽吸是否顺畅更重要。每种类型的雪茄都有各自的标准。品烟师只在早上评测，每支雪茄抽

质量控制

质量控制。检查一支高希霸长矛雪茄的环径和长度。

米里娅姆·洛佩兹（Miriam Lopez），埃尔·拉吉托工厂唯一的女评吸员，正在评吸一支高希霸长矛雪茄。

大约一英寸，之后用不加糖的茶水恢复味觉。不论哪一周，在周末之前，所有卷制工制作的雪茄都会经过评吸。

从真空室取出后，雪茄会被放入特制的冷藏柜（escaparate）中存放三周，以去除在工厂时吸收的多余的水分，并使正在进行的发酵过程终止。一个冷藏柜可以容纳 18000 支雪茄，而且其中所有的雪茄都能得到严密的监控。

一切就绪，同一品牌、相同型号的雪茄根据外观分级，以 1000 支为单位装进木箱。雪茄可以分为多达 65 种色度——每名分拣员都必须谙熟于此。首先，分拣员要确定雪茄的基本色 [每种颜色都有名字，例如"公牛血"（sangre de toro）、"火红"（encendido）、"科罗拉多火红"（colorado encendido）、"科罗拉多稻草"（colorado pajizo）和"清晰"（clarisimo）]，然后是特定颜色之下的不同色度。分好后装入中转箱，确保同一箱中所装雪茄的颜色一致。色度最深的放在箱子最左边，然后根据色度的细微区别依次摆放，最浅的放在最右边。

按颜色分好之后，将雪茄送往包装部，在那里贴上茄标。接着，雪茄被装进大家熟悉的雪松木雪茄盒中，它们就是以这样的包装出售的。包装工也会仔细检查，以防有质量控制部门漏掉的次品混入。雪茄装完后，会再次进行检查，然后放上一片薄薄的雪松木片。

出售的时候，雪茄盒上带有极其重要的封签，确保这是一盒正宗的哈瓦那雪茄（Havanas 或 Habanos）。从 1994 年起，上面还会斜着贴上印着红色"Habanos"字样的角封。

手工雪茄的制作方法无论在什么地方都基本相同，但在多米尼加共和国等地，茄束制作和雪茄卷制有时由不同的人承担（工作通常是分开的）。多米尼加境内的大型现代化美资工厂拥有最先进的质量控制措施，会利用机器（在茄束制作及之后的工序中）来测试吸力，以此保证成品雪茄抽吸顺畅。尽管如此，其他生产商仍然选

整理和包装

根据雪茄色度进行分类。

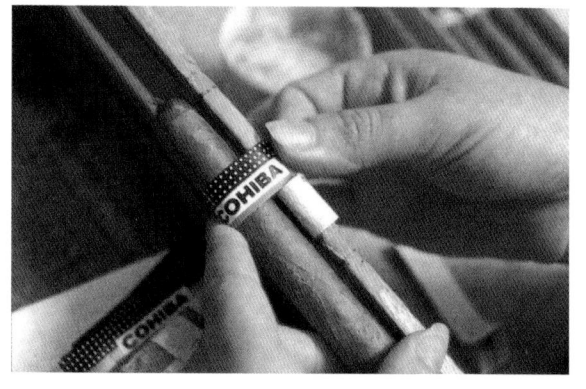

上茄标。

根据颜色装盒。

择整个流程全由手工完成，尤其是在检查茄束中的空隙时，空隙的存在会导致雪茄过热。菲律宾有一种卷制方法：以两根细木棍为轴，将烟叶螺旋式盘绕上去，上茄衣之后再将细木棍抽出来。

手工雪茄与机制雪茄

手工雪茄和机制雪茄的本质区别在于，大部分机制雪茄不是用长茄芯制作的——茄芯，顾名思义，要贯穿整根雪茄——这就导致它们的抽吸顺畅度和燃烧质量（它们燃烧得更快，会变得过热）明显较差。一些机制雪茄品牌，例如白令（Bering），使用了较长的茄芯，这让它们的质量有所提高，但相较手工雪茄而言仍然较次。机制雪茄的茄衣质量通常也逊色于高级手工雪茄。

就便宜、面向大众市场的机制雪茄品牌来说，制作时会将混合好的茄芯送入卷制机——类似香烟的制作——并用连续的茄套包裹起来。这样就生产出了一定长度、两端封闭的茄束。然后上茄衣，裁切成雪茄。

如果是制作价格较贵的机制雪茄，会有一名操作员坐在雪茄机前，把茄芯烟叶混合物（通常是切碎的烟叶或废料）填进料斗，并将两片茄套烟叶放在盘上裁切好。随后，将两片烟叶部分重叠着放置在传送带上，送入卷制机。包裹一定量的茄芯后，机器输出雪茄，然后对其进行修剪。

要分辨手工雪茄和机制雪茄（除了最好的那些）是相当容易的：机制雪茄的茄帽通常非常尖；整体摸起来往往更不平滑；茄衣可能比较粗糙，常有凸出的叶脉。如果一支雪茄没有茄帽，你就可以断定这是比较便宜的机制雪茄。玻璃纸包装也会透露这是机制雪茄，尤其是对于古巴雪茄来说；但许多优质的非古巴手工雪茄也采用玻璃纸包装，所以这并不是万无一失的分辨机制雪茄方法。

最近古巴推出了"手工制作"的机制茄束雪茄，例如昆特罗

不同类型雪茄的区别

机制雪茄：茄芯是用烟叶碎片制成的。

手工雪茄：茄芯、茄套、茄衣。注意，
长长的茄芯贯穿整根雪茄。

（Quintero）品牌。这些雪茄有着类似手工雪茄的茄帽、长茄芯和质量不错的茄衣。它们在口感方面给人带来的体验也与手工雪茄相近，尽管骗不了有经验的雪茄客。

手工雪茄相较机制雪茄如此昂贵，原因非常简单，它们制作起来耗时更长，需要更多劳动，而且使用的是生产和熟化成本更高的烟叶。手工制作也意味着更多的损耗。

雪茄盒

雪茄最初是成捆地装在猪膀胱中出售的（放一两个香草荚以改善气味）；后来使用很大的雪松木箱，可装多达 10000 支雪茄。

但在 1830 年，乌普曼银行开始将雪茄装在雪松木盒里，密封并加上银行的标志，用船运回伦敦，供董事们享用。当乌普曼银行决定全面向雪茄市场进军时，雪松木盒很快就成为全部主要哈瓦那品牌雪茄和所有手工雪茄的包装（不过现在仍有少量雪茄有时会采用硬纸板箱包装，许多品牌的单支雪茄则装在铝管内并衬以雪松木片）。雪松木可防止雪茄干燥，并促使雪茄进一步熟化。

彩色平版印刷标签的使用始于移民古巴的加利西亚人拉蒙·阿隆，他最早将其应用于自己在 1837 年创立的雪茄品牌；现在，所有的手工雪茄品牌，无论来自哪里，都会这样做。19 世纪中期雪茄行业的发展，要求不同雪茄品牌的标志清晰可辨。许多哈瓦那和别的品牌雪茄的盒盖内侧也出现了标签或者其他绘画。盒子还常常做上彩色的装饰性边框。雪松木盒有时被称作"天然盒"（boîte nature）。盒子内部一般会粘上一张纸（通常是彩色的），盖住所盛装的雪茄。

最后，装满雪茄并且检查一遍，将盒子钉上，再用一张绿白相间的标签密封起来（这一惯例始于 1912 年），证明这是正品哈瓦那雪茄。直到今天，对于大多数手工雪茄品牌来说，无论是或不是古巴雪茄，用于密封雪茄盒的标签通常还是会印上相似的颜色和措辞。

乌普曼是最早用雪松木盒子包装雪茄的品牌之一。

　　哈瓦那雪茄的封签上写着："Cuban Government's warranty for cigars exported from Havana.（哈瓦那出口雪茄，古巴政府保证品质。）Republica de Cuba. Sello de garantia nacional de procedencia.[古巴共和国。原产国质量保证。（西班牙语）]"

　　优质高希霸雪茄的大部分型号采用漆盒包装，与少数其他古巴品牌的一两种大号雪茄相同。比如，乌普曼的温斯顿爵士（Sir Winston）雪茄用深绿色抛光雪茄盒包装。这些抛光的雪茄盒上通常盖有品牌标志，除了政府封签外不带任何标签。

　　帕塔加斯和拉蒙·阿隆的一些雪茄，采用一种被称为8-9-8的包装形式。所用的雪茄盒是抛光的，边缘呈弧形，里面盛装25支雪茄，分三层摆放，底层8支，中层9支，上层8支。采用这种包装的雪茄比较昂贵。

　　自1961年起，"Hecho en Cuba"[古巴制造（西班牙语）]取代了英语"Made in Havana—Cuban"（哈瓦那制造，古巴）字样，被印在古巴雪茄盒的底部。1985年之后，又加上了工厂代码和古巴烟草公司（Cubatabaco）的标志——1994年底替换为哈伯纳斯公司（Habanos

雪茄盒上的标贴

哈瓦那封签。

由标贴可知这是手工雪茄。

革命战争前的哈瓦那雪茄盒。

SA）的标志。

1989 年，又增加了"Totalmente a Mano"的字样。它的意思是"纯手工制作"，无可辩驳地表明这是按照古巴传统方式制作的真正的手工雪茄。"手工制作"（西班牙语"Hecho a Mano"、英语"Make by hand"）只是个冠冕堂皇的说法（欧盟法律许可将机制茄束、手工完成的雪茄称为手工雪茄）——实际情况可能很混乱。

在购买老雪茄时，唯一可靠的途径是购买 1989 年之后生产的印有"Totalmente a Mano"字样的雪茄，除非你完全信任你的雪茄商。如果雪茄盒上写着"Made in Havana-Cuban"，那么几乎可以肯定它是革命战争以前生产的。

哈瓦那雪茄的工厂代码一般为蓝色印刷——都是革命战争之后指定修改的。例如：

JM 代表 José Martí（何塞·马蒂），原名 H. Upmann（乌普曼）；

FPG 代表 Francisco Perez German（弗朗西斯科·佩雷斯·杰尔曼），原名 Partagas（帕塔加斯）；

BM 代表 Briones Montoto（布里奥内斯·蒙托托），原名 Romeo Y Julieta（罗密欧与朱丽叶）；

FR 代表 Fernando Roig（费尔南多·罗伊格），原名 La Corona（皇冠）；

EL 代表 EL Laguito（埃尔·拉吉托）；

IHM 代表 Heroes del Moncada（蒙卡达之英），原名 El Rey del Mundo（埃尔·雷伊·德尔·蒙多）。

哈瓦那雪茄盒曾经还会印上内装雪茄的颜色，但现在这种做法已经停止了，至少到目前为止是这样。过去，雪茄盒上常常写着"claro"（浅褐色），但这种颜色分类通常是不准确的。

在非哈瓦那雪茄盒上，你可能会看到"Envuelto a mano"的字样——只是"手工包装"（hand-packed）的意思，但可以误导那些粗心的人。"手工卷制"（hand rolled）[就像古巴的"手工完成"（hand-finished）一样] 表示手工上茄衣，由机器完成其他工序。

　　美国生产的雪茄，盒底一般有个代码——字母 TP，然后是一个标识生产商的数字。进口到美国的雪茄则没有这个代码。有些雪茄[例如多米尼加的登喜路（Dunhill）雪茄和大部分较贵的马卡努多（Macanudo）雪茄] 的包装盒上标着"特定年份"（vintage）。这指的是烟叶收获的年份，而不是雪茄生产的年份。例如，目前在销的登喜路雪茄标着 1989 年——是用 1989 年收获的多米尼加烟叶制作的。

茄标

　　茄标（cigar band）的使用肇始于荷兰人古斯塔夫·博克（Gustave Bock），他是最早涉足哈瓦那雪茄行业的欧洲人之一。茄标的出现稍晚于雪茄盒和雪茄标签（label），但动机是相同的：将他的品牌与市场上的众多其他品牌区分开来。在他的引领下，其他所有品牌马上开始效仿，现在几乎所有的手工雪茄品牌都使用茄标。茄标刚出现时，其他生产商效仿博克，也在荷兰制作。有些雪茄以"柜装精选"（Cabinet Selection）的包装出售——通常是一个较深的雪松木盒，盛着用丝带松松地拴成一束的 50 支雪茄——是没有茄标的。在茄标出现之前，雪茄常以这种 50 支一束、被称为"半轮"（half-wheel）的形式出现在市场上。一些洪都拉斯手工雪茄在欧洲出售（通常是单支）时也不带茄标，主要是因为商标问题。

　　茄标还有一些次要功能，例如保护吸烟者的手指不沾染污渍（当绅士戴着白色晚装手套时这很重要）；也有一些人声称，茄标使茄衣不会松散——虽然合适的茄衣并不需要助力。

　　老品牌的茄标往往比现代品牌的更精致（有大量金箔）。那些专注于顶尖市场的品牌，例如高希霸、登喜路、蒙特克里斯托和大卫杜夫的茄标，则全都简单而优雅。

那些拥有古巴品牌名称的非哈瓦那雪茄的茄标，往往与最初的古巴茄标相似，不过做些小小的细节变化 [一个典型例子是，古巴版茄标中写着"哈瓦那"（Habana），同样的地方他们改为品牌创立时间]。

一些古巴品牌使用不止一个茄标设计，例如好友蒙特雷、罗密欧与朱丽叶，丘吉尔型号的雪茄使用简单、细长的金色茄标，而其他型号的是红色茄标。

抽雪茄时是否要将茄标去掉纯粹是个人选择。根据英国的传统，留着茄标会被认为是炫耀所抽雪茄的"不礼貌行为"，在其他地方则不需要有此顾虑。

如果一定要去除茄标，最好等抽了几分钟之后。烟气的热量有助于茄标从茄衣上松开，并会降低茄标上胶的黏性，使茄标更容易取下。如果试图在抽雪茄之前把茄标取下，你有可能破坏茄衣。

雪茄型号

雪茄的型号数不胜数。单是在古巴就有 69 种型号生产，其中 42 种是哈瓦那手工雪茄。每种型号都有一个厂内名称，通常跟我们熟悉的那些雪茄名字毫无关系，例如卓越（双皇冠）[Prominente（Double Corona）]、朱丽叶 2 号（丘吉尔）[Julieta 2（Churchill）]、马瑞瓦（小皇冠）[Mareva（Petit Corona）]、方济各会（Franciscano）、卡罗莱纳（Carolina）等等。有些品牌，例如帕特加斯，有 40 种型号，虽然其中几种是机制的。许多精选系列型号更大，这是一种复古。更现代的品牌，如高希霸和蒙特克里斯托，只有 11 种型号。非哈瓦那雪茄品牌倾向于更易于管理的产品线，尽管许多品牌也开始进行扩展，例如大卫杜夫现在有 19 种型号。

遗憾的是，雪茄型号并没有可供新手参考的标准，也没有完整清单。即使是最常见的小皇冠，也有不同的围长；丘吉尔这一名称之下更是涵盖了很多选项。下面列出 25 种最受欢迎的哈瓦那雪茄型号及

从 9¼ 英寸的大皇冠到 4 英寸的幕间，不同型号和形状的雪茄让人眼花缭乱。

其厂内名称。这个列表可以表明可供选择的范围有多广，但它也只是全部古巴雪茄中的一小部分，更不用说多米尼加共和国、洪都拉斯、墨西哥和其他国家的雪茄了。

雪茄的围长习惯上用以 1/64 英寸为单位的环径来表示。因此，如果一支雪茄的环径是 49，它就有 49/64 英寸粗。同样，如果一支雪茄的环径是 64，它就有 1 英寸粗。现在只有几种雪茄是这种型号，如 9 英寸长的皇家牙买加牌（Royal Jamaica）的歌利亚（Goliath）雪茄和长度相同、产自多米尼加共和国的何塞·贝尼托牌（José Benito）的梦龙（Magnum）雪茄。而卡萨布兰卡牌的耶罗波安（Jeroboam）和半耶罗波安（Half Jeroboam）雪茄的环径竟然达到 66。

最大的真正可以抽吸的雪茄是科伊诺（Koh-i-Noor），它是二战前亨利·克莱（Henry Clay）工厂为一名印度王公制作的。还有一种相同型号，被称为"醒目之巨"（Visible Inmenso）（18 英寸长，环径 47），是为埃及国王法鲁克而制作的。还曾有一种宾丽（panetela）

哈瓦那雪茄的基本型号

名称	长度（英寸）	环径
大环径		
特大皇冠（Gran Corona）	9¼ 英寸	47
卓越（Prominente）	7⅝ 英寸	49
朱丽叶 2 号（Julieta 2）	7 英寸	47
金字塔（Piramide）*	6⅛ 英寸	52
胖皇冠（Corona Gorda）	5⅝ 英寸	46
钟（Campana）	5½ 英寸	52
秀丽 4 号（Hermoso No.4）	5 英寸	48
罗布图（Robusto）	4⅞ 英寸	50
正常环径		
达利亚（Dalia）	6¾ 英寸	43
塞万提斯（Cervantes）	6½ 英寸	42
大皇冠（Corona Grande）	6⅛ 英寸	42
皇冠（Corona）	5½ 英寸	42
马瑞瓦（Mareva）	5 英寸	42
伦敦（Londres）	5 英寸	40
分钟（Minuto）	4⅜ 英寸	42
珍珠（Perla）	4 英寸	40
细环径		
拉吉托 1 号（Laguito No.1）	7½ 英寸	38
女神（Ninfas）	7 英寸	33
拉吉托 2 号（Laguito No.2）	6 英寸	38
塞奥内（Seoane）	5 英寸	36
卡罗莱纳（Carolina）	4¾ 英寸	26
方济各会（Franciscano）	4½ 英寸	40
拉吉托 3 号（Laguito No.3）	4½ 英寸	26
军校生（Cadete）	4½ 英寸	36
幕间（Entreacto）	3⅞ 英寸	30

　　*这种型号的雪茄拥有尖头，常被称作"鱼雷"（torpedo）。这个名字会让人误以为它们两端都是尖的。其实，两端都是尖头的雪茄被称为"双尖鱼雷"（Figuerado）。

雪茄，长达 19½ 英寸。在哈瓦那的帕塔加斯工厂里有一件藏品：一支几乎长达 50 英寸的雪茄。在伦敦的大卫杜夫商店里，你还可以看到一支 1 码长、环径为 96 的雪茄。

最小的普通雪茄是玻利瓦尔牌的德尔加多（Delgado）——不到 1½ 英寸。

一个特定的雪茄品牌会包含很多种不同型号的雪茄。总的来说，不同品牌往往擅长制作不同型号的雪茄。因此，某一品牌的大环径雪茄可能很棒，但你不能据此认定其小号雪茄口感类似，或者制作同样精良。归根结底还要实际品尝。

第三节　　挑选雪茄

一般来说，环径更大的雪茄口味更浓郁（通常茄芯中有较多的浅叶、较少的淡叶），抽吸起来更顺畅、缓慢，不会像小环径雪茄那么快变热。它们一般也比小环径雪茄制作精良（小环径雪茄由刚合格的学徒来制作）。小环径雪茄的茄芯中通常只有很少甚至没有浅叶。大环径雪茄几乎总是雪茄鉴赏家和老练的雪茄客的首选——如果不着急的话。

然而，如果是刚接触雪茄，建议选择型号较小的，例如分钟或卡罗莱纳，然后升级为口感温和的品牌的较大型号雪茄（参见"雪茄名录"）。牙买加雪茄如马卡努多（多米尼加共和国也生产）一般口感温和，或者尝试一下哈瓦那雪茄中的乌普曼。当你觉得自己过了新手阶段，在皇冠型号之后，塞万提斯雪茄可能是最好的选择。

许多雪茄专家，包括传奇人物季诺·大卫杜夫（Zino Davidoff），都断言一个人的外观和所抽雪茄型号有关；而且古巴有句谚语："当你年近 30 岁时，你要抽 30 环径的雪茄；当你年近 50 岁时，你要抽 50 环径的雪茄。"但总的来说，这些都是废话。抽什么型号的雪茄，完全取决于你自己以及你有多少钱。话虽如此，如果你很矮小或者很瘦，却抽着一支大雪茄，有时看起来会相当滑稽或者虚夸。但在一天的什么时候抽什么类型的雪茄是有讲究的。早晨或者清淡的午餐之后，大部分雪茄客喜欢抽较温和、较小的雪茄。在丰盛的午餐之后，老练的雪茄客可能选择一支罗布图雪茄——相当短，但口味丰富。在一顿大餐之后或者深夜，大部分有经验的雪茄客喜欢来一支粗胖的雪茄，部分原因是细雪茄抽不了太久，而且温和的雪茄在饱腹时难以令人满足。因此，他们会选择标力高（Belicoso）、丘吉尔或双皇冠。同样的道理，在正餐前抽重口雪茄，可能会影响你的食欲，破坏你的味蕾。出于同样的考虑，人们在正餐后饮波特酒或白兰地等烈性酒，而在餐前或者餐中喝清淡的酒。如果你想比较不同的雪茄，最好在每天的同一时间段抽吸，饮食和地点也要加以考虑。

挑选雪茄时，首先确保茄衣完好（如果不是，拒绝购买），并且有健康的光泽。还要确保它不太干或易碎（否则口感恶劣），具有明显的芬芳（如果没有，雪茄可能储存不当）。一支好雪茄应该既不太硬也不太软。如果茄衣上叶脉突出，那么不要购买：质量控制的某个环节出了问题。

雪茄茄衣（以及部分可见的茄芯）的颜色会给你一些提示，虽然这并非完全可靠，因为对于雪茄的口味来说，茄芯的混合才是关键因素。根据经验，雪茄颜色越深，风味就越醇厚，口感可能越甜（因为深色茄衣含有更多糖分）。如果得到妥善保存，雪茄将在雪松木盒中继续熟化和发酵。在这一陈化过程中雪茄酸度降低，与好葡萄酒的熟化类似。口味醇厚的雪茄，尤其是那些大环径雪茄，往往比温和型雪茄陈化得更好。但是应该指出，有些醇厚的品牌的雪茄，例如高希霸和蒙特克里斯托（特大型号雪茄或许要排除在外），并不能陈化得特别好，因为所用的烟叶在工厂中发酵的时间较长——这种情况下的高希霸雪茄已经彻底进行过额外发酵了。甚至有人辩称，烟草如果已经恰当发酵，就不太可能进一步熟化（如果发酵程度太低，则根本不可能熟化）。

较温和的雪茄，尤其是茄衣色浅的，如果保存时间过长，会失去它的芬芳。一般而言，你应该先抽颜色较浅的，然后抽颜色较深的。那些必须经过陈化的雪茄的茄衣一开始就富含油分，随着熟化的进行，颜色会变得略深，油分也更足。

大部分高质量雪茄进口商在将雪茄投放市场之前，都会小心地使其进行一点陈化（出口到英国的哈瓦那雪茄要陈化两年左右）。雪茄要熟化多久并没有精确的标准（往往要看运气），但一些专家声称，雪茄陈化 6 至 10 年将达到最佳状态。也有人告诫说，即使在理想的条件下储存，大多数雪茄也会失去它们的芬芳，事实确实如此。如果储藏条件不太好，它们还会变干。即使储存得很好，最好也不要超过10 年——到那时，它们不太可能变得更好，而且几乎可以肯定会丧失一些芬芳。

雪茄应该在生产出来的三个月内抽吸，否则的话，至少要等到制成一年之后。众所周知的"生病期"——熟化作用开始——是抽吸一支雪茄最差的时期。

茄衣颜色

雪茄茄衣存在很多种色度，但可以归类为七种基本色：

双克拉罗（double claro）[也叫 AMS，即美国市场精选（American Market Selection），或坎德拉（candela）]——青褐色 [如马卡努多牌的"翡翠"（jade）]。这种颜色是这样获得的：在烟叶成熟之前采收，随后迅速使其干燥。非常柔和，几乎没有味道，油分非常少。传统上这种颜色的雪茄在美国曾大受欢迎，但是现在少得多了。

克拉罗（claro）——浅褐色，类似牛奶咖啡（例如乌普曼等哈瓦那品牌雪茄，或者用康涅狄格州阴植烟叶做茄衣的雪茄）。经典的温和雪茄的颜色。这种颜色也被称为"原色"，与双克拉罗一样。

科罗拉多·克拉罗（colorado claro）——浅棕色，黄褐色（例如使用喀麦隆茄衣的品牌，像多米尼加的帕塔加斯雪茄）。

科罗拉多（colorado）——红褐色，味道芳香。这种颜色说明雪茄熟化得很好。

科罗拉多·马杜罗（colorado maduro）——深褐色，中等强度，比马杜罗更芳香。抽吸时通常会有浓郁的香味，很多上好的洪都拉斯雪茄即是如此。

马杜罗（maduro）——很深的褐色，类似黑咖啡（例如玻利瓦尔等醇厚的哈瓦那品牌雪茄，或者用墨西哥茄衣制成的雪茄）。适合有经验的雪茄客。有时被认为是传统的古巴色。

奥斯库罗（oscuro）——近黑色，劲头大但几乎不具芬芳。这种颜色的茄衣一度流行，现在已经很少生产了。如果有，则大概来自尼加拉瓜、巴西、墨西哥，或者康涅狄格阔叶烟草（非遮阴种植）。

颜色越深，就可能口感越甜、劲头越大，而且茄衣中所含油分和糖分越多。颜色较深的茄衣烟叶通常生长期较长，或者来自高海拔地区：格外长时间地暴露在阳光下，同时产生了油分（起保护作用）和

茄衣基本色，从克拉罗到奥斯库罗。

糖分（通过光合作用）。它们所需的发酵时间也会更长。

EMS 或者说"英国市场精选"（English Market Selection）是一个宽泛的概念，指的是褐色雪茄——基本上涵盖了除双克拉罗（AMS）之外的全部雪茄。

所有的手工雪茄在抽吸之前都需要剪开封闭端。剪开方式取决于你自己。从小的、便宜的、便于携带的断头台式雪茄剪（有单刀片和双刀片两种，最好选择后者），到需要一些技巧才能恰当使用的别致的雪茄剪，市场上的雪茄裁切工具非常多。你可以使用一把锋利的（这是必需的）小刀。要是使用手指甲，只要掐开雪茄帽的最顶端即可。最重要的是切口要洁净、平整，否则会抽吸不畅，并有可能损坏茄衣。剪切雪茄时，你应该留下约 1/8 英寸的茄帽。不建议用刺穿茄帽的方式开口，因为这样会压紧茄芯，影响烟气通道，导致雪茄过热，产生难闻的气味。同理，在茄帽上剪出楔形切口的裁切工具也不推荐使用。永远不要沿着茄帽线或在茄帽线之下剪切，这样肯定会破坏茄衣。剪切茄帽的目的是让茄芯烟叶露出来。无论使用什么工具，都要确保它

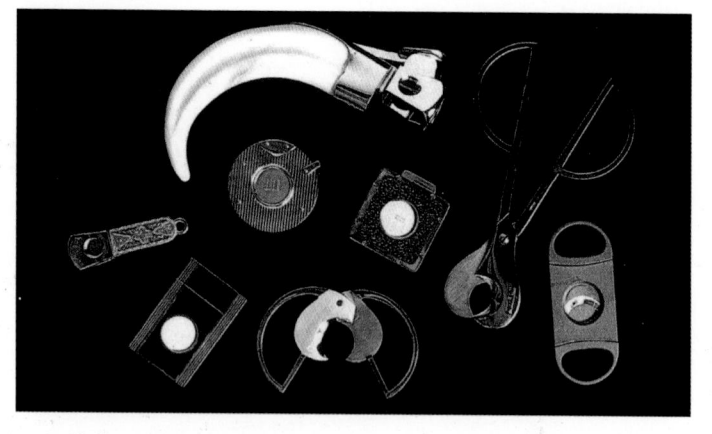

雪茄剪。断头台式雪茄剪是最简单、最便宜也是最好的。

是锋利的。

点燃雪茄时，你可以使用丁烷打火机（而不是汽油打火机，它会影响风味）或火柴。在登喜路和大卫杜夫等精品店里，有为雪茄客设

计的长而慢燃的特殊火柴，但普通的木制火柴也能达到很好的效果。但是，要避免使用高硫或含蜡较多的火柴。恰当点燃的雪茄总是会比不恰当点燃的令人舒服，所以点燃雪茄时不要紧张。

1.水平持握雪茄，直接接触火焰，慢慢旋转，直到末端的整个表

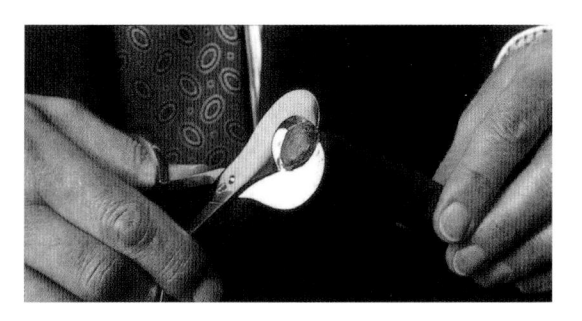

剪雪茄。一定不要太靠近茄帽的底端。

点燃雪茄。小心去做。

差不多要抽吸了。

面都已均匀烧焦。

2. 现在，把雪茄放到唇间。使火焰保持在离雪茄末端大约半英寸的地方，旋转着慢慢抽吸。雪茄末端此时应该已经燃着。确保均匀点燃，否则一边会比另一边燃烧更快。

3. 在灼热的一端轻轻吹一下，确保燃烧均匀。

时间较长、熟化较好的雪茄比时间较短的雪茄更容易燃烧。如果恰当点燃，高质量雪茄的点燃端只有一条很窄的碳圈，普通雪茄则会有较宽的碳带。

为了充分品味，雪茄应该慢慢地抽。不应过于频繁地抽吸。这样会导致过热，破坏风味。不要将烟气吸入身体——几乎不需要提醒。强碱性的烟雾和低含量的尼古丁会导致你咳嗽。抽完皇冠这样的雪茄大约需要半个小时，更大的雪茄需要一个小时或者更久。

如果雪茄熄灭了，不要担心，这是很正常的，特别是在已经抽了一半的情况下。轻敲雪茄，除去附着的烟灰。然后从中吹一下，驱散其中不新鲜的烟气。像点燃新雪茄一样将其重新点燃。即使搁置了几个小时，它也会令你吸得满意的。如果放置得更久，雪茄吸起来会不新鲜。大环径雪茄如果抽了不到一半，第二天还是可以接着抽的，虽然抽起来没那么愉快。

与香烟不同，雪茄不需要轻敲以去除烟灰——它在适当的时候会自行掉落。但是另一方面，任雪茄末端悬着长长的圆柱形烟灰也没有什么好处，它会影响空气的流通，使雪茄燃烧不均匀。雪茄的结构越好，烟灰就越长、越"结实"。

当烟气发烫、感到余味很强时（通常已经抽到只剩几英寸了），就是时候将这支雪茄扔掉了。就像法国演员萨卡·圭特瑞（Sacha Guitry）所写的："正如天才的降生类似于白痴的降生，抽到最后的哈瓦那皇冠雪茄跟五分钱的雪茄没什么区别。"不用像捻灭香烟那样去捻一支雪茄。只要将雪茄放在烟灰缸里，它很快就会熄灭。雪茄蒂应在其熄灭后尽快处理掉，否则房间里会弥漫着不新鲜的烟气的余味。

有两件事真的不要去做：第一，把雪茄放在耳边转动。这是雪茄交易中臭名昭著的"听乐队演奏"。你从中根本不能得到任何信息。第二，在抽雪茄之前先加热茄身。一百多年前制作一些塞维利亚雪茄时会用到令人不舒服的胶水，人们最初加热茄身就是为了将这胶水蒸发掉。今天的高品质手工雪茄不需要这么做，因为它们使用的是一小滴无味的植物胶。

第二章

雪茄名录

　　本章选列手工雪茄并不求全，但是应该包含了你所能见到的大部分品牌。其中一些只有在美国能买到，另一些只有在欧洲能买到，不过这些是处

卷制完成之后，雪茄要放 15 天以释出部分水分。

于变化之中的。同一品牌下的不同型号也是这种情况（通常按长度降序排列）。

　　评定风味和香味时难免主观，但在结构、抽吸和茄衣质量方面则会更客观。一支雪茄的风味即使在本名录中得到差评，你也有可能很喜欢它。毕竟，这只是个人爱好问题。

C　雪茄的原产国（country）像这样表示：

古巴

洪都拉斯

F　雪茄的风味（flavor）分为四种强度：

温和（mild）　　温和至适中（mild to medium）

适中至浓郁（medium to full-bodied）　　非常浓郁（very full-bodied）

　　关于质量的评估还要考虑到外观、结构和一致性——后者在所有品牌中都特别重要。尽管如此，雪茄是手工制作的，雪茄烟草的生产受制于变幻莫测的气候（更不必说在有些国家还有政治变化），所以，即使是最知名的品牌，这些情况也会不断变化。因此，这些条目只是一个当下的指南。

Q　雪茄的质量（quality）可分为如下四种：

仍需努力（could be better）

烟叶质量和结构俱佳（good-quality leaf and construction）

质量上乘（superior quality）

顶级产品（the very best quality available）

**阿图罗·富恩特
（ARTURO FUENTE）**

雪茄业的传统是，农民种植烟草，制造商制作雪茄。所以，当多米尼加共和国最大的手工雪茄生产商富恩特（Fuente）家族买下一个种植园时，烟农和制造商都感到惊讶。当有消息说卡里贝（Caribe）附近的农场将会种植茄衣烟叶时，人们又惊讶了一次。在多米尼加，几乎没有人种植茄衣烟叶，更不用说用来制作高档雪茄了。

当一款用埃尔·卡里贝农场——现在众所周知的"富恩特庄园"（Chateau de la Fuente）——生产的烟叶做茄衣的雪茄，还未上市就击败了数种哈瓦那雪茄，成为《雪茄迷》1994秋季试吸之冠时，人们更是惊掉了下巴。

1995年，富恩特Fuente OpusX® 系列雪茄开始生产，其特征是采用了富恩特庄园农场生产的茄衣烟叶。从那时起，这一产品线就很受欢迎，遗憾的是产量有限。不过，为了弥补这一缺憾，富恩特家族新近购入了与富恩特庄园农场毗邻的150英亩（0.61平方千米）土地。这块土地以前未被开垦过，所以土壤层很深厚。富恩特家族相信，用来种植茄衣烟叶的话，这块土地即使不优于富恩特庄园，也会与其一样好，并希望能借此使该产品线的产量翻倍。

此外，富恩特雪茄的标准系列和大人物（big figurados）中的海明威系列中，也有很多值得品尝的。稀有的科罗拉多色喀麦隆茄衣是富恩特雪茄的标志，虽然有些型号如皇家礼炮（Royal Salute）用

"原色"康涅狄格阴植烟叶做茄衣。所有这些雪茄都结构良好、混合适当，散发着一种适中风味的醒目光芒，这也反映出雪茄制造者的熟情。雪松木盒包装的双皇冠和罗斯柴尔德（Rothschild）雪茄尤其受人钟爱。

富恩特 Fuente OpusX® 系列型号

名称	长度（英寸）	环径
珍藏 A 级	9¼ 英寸	47
双皇冠	7⅝ 英寸	49
珍藏 1 号	6⅝ 英寸	44
珍藏 2 号	6¼ 英寸	52
小长矛	6¼ 英寸	38
富恩特 Fuente	5⅝ 英寸	46
罗布图	5¼ 英寸	50

型　　号

名称	长度（英寸）	环径
精品	8½ 英寸	52
皇家礼炮	7⅝ 英寸	52
丘吉尔	7½ 英寸	48
宾丽·菲娜	7 英寸	38
双皇冠	6¾ 英寸	48
私享 1 号	6¾ 英寸	46
朗斯代尔	6½ 英寸	42
弗洛尔·菲娜	6 英寸	46
古巴皇冠	5¼ 英寸	44
小皇冠	5 英寸	38
富恩特庄园	4½ 英寸	50
海明威系列		
杰作	9 英寸	52
经典	6 英寸	47
标志	6 英寸	47

珍藏 A 级：长 9¹/₄ 英寸，环径 47

珍藏 2 号：长 6¹/₄ 英寸，环径 52

罗布图：长 5¹/₄ 英寸，环径 50

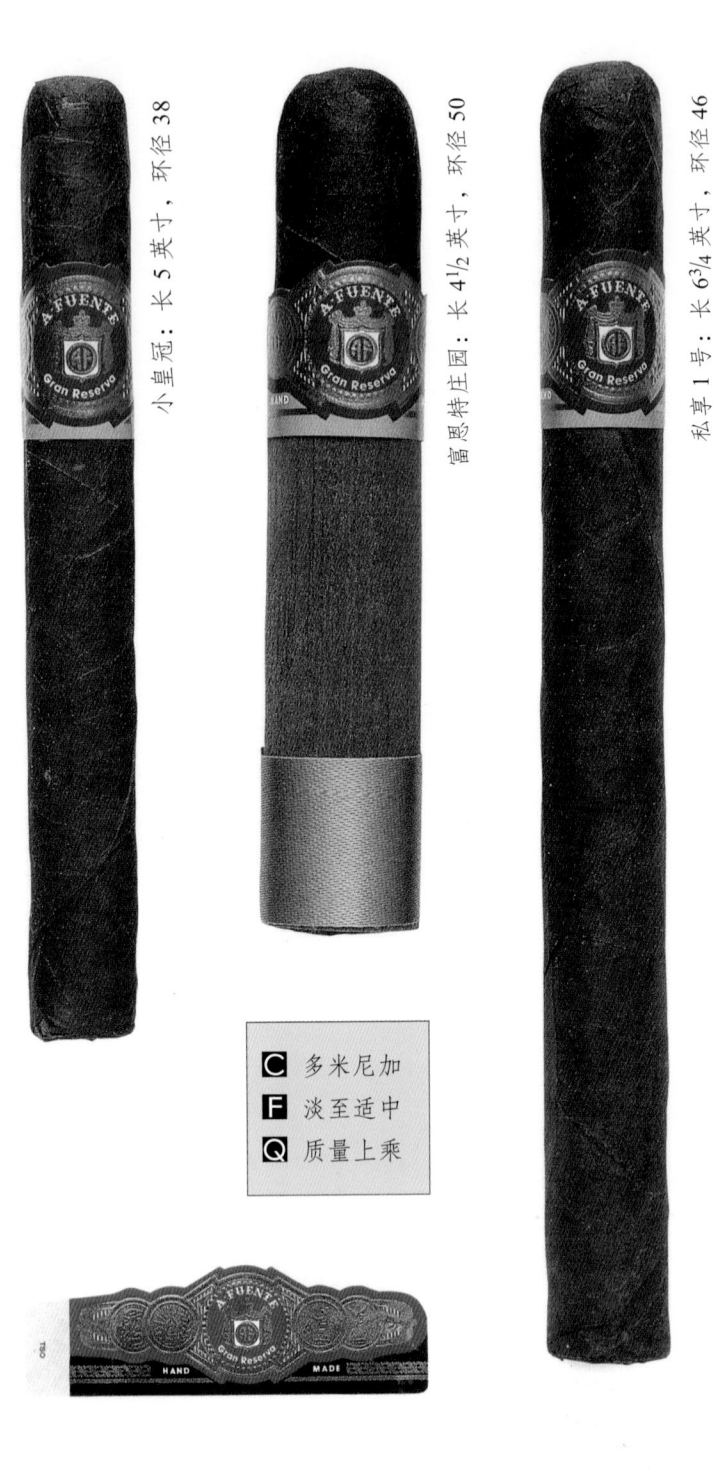

小皇冠：长 5 英寸，环径 38

富恩特庄园：长 4 1/2 英寸，环径 50

私享 1 号：长 6 3/4 英寸，环径 46

C 多米尼加
F 淡至适中
Q 质量上乘

阿什顿 (ASHTON)	阿什顿为费城一家企业所有，但以一位颇负盛名的英国烟斗制造者的名字命名；这些做工考究的雪茄

在多米尼加共和国生产。它们可分三种风味，其中一种直接称为阿什顿，然后是阿什顿内阁精选和阿什顿陈年马杜罗。这三种用的都是康涅狄格茄衣，虽然陈年马杜罗用的是阔叶而不是阴植烟叶；茄芯则都是多米尼加烟叶混合而成的。

最温和的是内阁精选，因为所用的烟草经过格外的陈化（1、2、3 号两端都是锥形）。如果喜欢温和至适中的雪茄，可以从梦龙（Magnum）型号中按标准选择；如果钟意甜味，试一下马杜罗 10 号。阿什顿王冠系列使用的是珍稀的富恩特庄园茄衣。

型　号

名称	长度（英寸）	环径
内阁 1 号	9 英寸	52
丘吉尔	7½ 英寸	52
内阁 10 号	7½ 英寸	52
60 号马杜罗	7½ 英寸	52
内阁 8 号	7 英寸	50
50 号马杜罗	7 英寸	48
内阁 2 号	7 英寸	46
首相	6⅞ 英寸	48
30 号马杜罗	6¾ 英寸	44
8-9-8	6½ 英寸	44
优雅	6½ 英寸	35
内阁 7 号	6¼ 英寸	52
40 号马杜罗	6 英寸	50
双 R	6 英寸	50
内阁 3 号	6 英寸	46
宾丽	6 英寸	36
内阁 6 号	5½ 英寸	50
皇冠	5½ 英寸	44
20 号马杜罗	5½ 英寸	44
10 号马杜罗	5 英寸	50
梦龙	5 英寸	50
甜饮	5 英寸	30

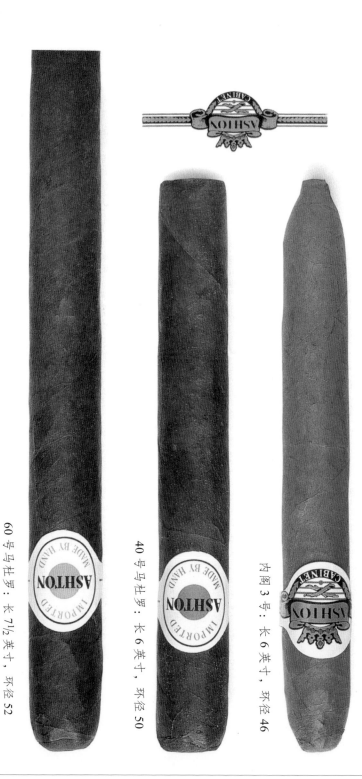

60 号马杜罗：长 7½ 英寸，环径 52

40 号马杜罗：长 6 英寸，环径 50

内阁 3 号：长 6 英寸，环径 46

梦龙：长 5 英寸，环径 50

首相：长 6⅞ 英寸，环径 48

内阁 2 号：长 7 英寸，环径 46

ⓒ 多米尼加
共和国

Ⓕ 中等偏淡
阿什顿雪茄

阿沃
(AVO)

阿沃·乌韦森（Avo Uvezian），杰出的音乐家，《夜晚的陌生人》（*Strangers in the Night*）的曲作者，为以他的名字命名的雪茄赋予了对于和谐的彻悟。不论是标准系列还是最近的 XO 系列，都通过金色的康涅狄格茄衣和多米尼加茄芯及茄套达到了风味的平衡。

XO 系列可以通过茄标一边印着的两个字母分辨出来，它采用一种独一无二的陈化和发酵流程，因此价格高昂（阿沃雪茄没有便宜的），尽管这一流程会带来什么影响还不是很清楚。

这些雪茄结构良好。然而，其金字塔和标力高型号不应该拿来与古巴的金字塔和钟（通常被称为标力高）型号相比，因为它们几乎没有任何相似之处。

风味随着雪茄围长的增加而变强，口感从适中到丰富、强烈。

型　号

名称	长度（英寸）	环径
3 号	7½ 英寸	52
金字塔	7 英寸	36/54
XO 庄严	7 英寸	48
4 号	7 英寸	38
5 号	6¾ 英寸	46
1 号	6¾ 英寸	42
6 号	6½ 英寸	36
2 号	6 英寸	50
标力高	6 英寸	50
7 号	6 英寸	44
XO 序曲	6 英寸	40
XO 间奏曲	5½ 英寸	50
8 号	5½ 英寸	40
小标力高	4¾ 英寸	50
9 号	4¾ 英寸	48

金字塔：长 7 英寸，环径 54

2 号：长 6 英寸，环径 50

XO 庄严：长 7 英寸，环径 48

味道上乘
颜色中等
多米尼加

班塞斯
(BANCES)

该品牌既有手工雪茄，也有机制雪茄。手工雪茄都在洪都拉斯生产，使用当地烟草混合而成。茄衣相当粗糙，而且卷制较紧，可能导致抽吸困难。整体而言，这些雪茄价格较低，具有独特的略带胡椒味的口感。

巨皇冠：长 6¾ 英寸，环径 48

型　号

名称	长度（英寸）	环径
总统	8½ 英寸	52
巨皇冠	6¾ 英寸	48
1 号	6½ 英寸	43
猎人	6¼ 英寸	44
布雷瓦	5¼ 英寸	43

C　洪都拉斯
F　适中至浓郁
Q　仍需努力

 2¾

**巴乌萨
(BAUZA)**

虽然现在巴乌萨雪茄在多米尼加共和国生产，但它的雪茄盒上仍能看到革命战争前哈瓦那雪茄的影子。茄衣是浓郁的厄瓜多尔雪茄做的。墨西哥茄套与尼加拉瓜和多米尼加烟叶混合而成的茄芯相组合，产生一种令人非常愉快的、芳香的烟气，风味为温和至适中。这些雪茄是手工精制的，但要注意总统型号（下面没有列出），它的茄芯较短，不能与其他雪茄相提并论。价格很公道。

恺撒大帝：长 6¾ 英寸，环径 48

型 号

名称	长度（英寸）	环径
绝妙	7½ 英寸	50
金牌 1 号	6⅞ 英寸	44
小花	6⅞ 英寸	35
恺撒大帝	6¾ 英寸	48
美洲豹	6½ 英寸	42
罗布图	5½ 英寸	50
希腊人	5½ 英寸	42
小皇冠	5 英寸	38

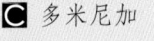 多米尼加
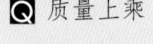 温和至适中
Q 质量上乘

玻利瓦尔 (BOLIVAR)

著名的玻利瓦尔雪茄有着鲜明的特点：标签和雪茄盒上都印着 19 世纪委内瑞拉革命家西蒙·玻利瓦尔的肖像，他将南美洲大部分地区从西班牙的统治之下解放了出来。在所有的哈瓦那雪茄品牌中，它是一眼就能认出的一个。这一品牌曾经因为生产最小的哈瓦那雪茄而不同凡响——德尔加多（Delgado），长 1⅞ 英寸，环径 20；甚至为英国温莎堡皇家保育院的玩具小屋生产过一盒小巧玲珑的雪茄。它是罗查（Rocha）公司于 1901 年创立的。

玻利瓦尔的产品线共有约 20 种，但其中很多型号是机制的，所以如果觉得自己发现了便宜货，一定要格外当心。手工雪茄的型号有 19 种，下面选列了一些。玻利瓦尔是古巴手工雪茄中最便宜的，如果——这是一个大胆的假设——你喜欢浓烈口感的话，购买它们很划得来，因为作为一个品牌，它也是哈瓦那雪茄中劲头最大、最浓郁一个。它们当然不适合新手，但是对许多有经验的雪茄客很有吸引力。它们陈化得很好，有着独特的深色茄衣。可以选择较大型号的（皇家皇冠以上），它们结构良好，抽吸和燃烧均匀，并且具有强烈的香气。鱼雷形的标力高·菲诺（Belicosos Finos）是许多人的最爱，是一顿大餐之后的理想选择；而醇厚的皇家皇冠（罗布图）则非常适合午餐后享用。小皇冠是风味最浓郁的雪茄之一。棕榈（Palmas）（宾丽）是限量生产的，宾丽型号的雪茄一般口味较淡，但棕榈是个例外。玻利瓦尔独特的风味并非像人们认为的那样来自高比例的浅叶，而是因为茄芯中干叶远多于淡叶。

市场上也有多米尼加生产的玻利瓦尔雪茄，不会特意注明，但是价格公道。它们用喀麦隆茄衣精制而成，口感温和至适中。多米尼加生产线仅包含 5 种型号。

皇家皇冠：长 4⁷/₈ 英寸，环径 50

金牌：长 6³/₈ 英寸，环径 42

小皇冠：长 5 英寸，环径 42

C 古巴
F 非常浓郁
Q 质量上乘

C 多米尼加
F 温和至适中
Q 烟叶质量和
　　结构俱佳

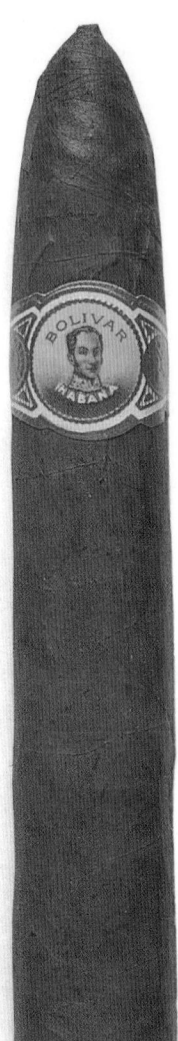

标力高·菲诺：长 5½ 英寸，环径 52

型　号

名称	长度（英寸）	环径
巨人皇冠	7 英寸	47
丘吉尔	7 英寸	47
朗斯代尔	6⅞ 英寸	43
金牌	6⅜ 英寸	42
特级皇冠	5⅝ 英寸	44
标力高·菲诺	5½ 英寸	52
皇冠	5½ 英寸	42
小皇冠	5 英寸	42
美丽	5 英寸	40
皇家皇冠	4⅞ 英寸	50
摄政王	4⅞ 英寸	34
少年皇冠	4¼ 英寸	42

型　号

名称	长度（英寸）	环径
玻利瓦尔	7 英寸	46
大皇冠	6½ 英寸	42
标力高·菲诺	6½ 英寸	38
宾丽	6 英寸	31
特级皇冠	5½ 英寸	42

C.A.O.

1995 年上市，其洪都拉斯雪茄由内斯特·帕拉森（Nestor Plasencia）的奥连特烟厂（Fabrica de Tabacas Oriente）制造，采用尼加拉瓜和墨西哥茄芯、洪都拉斯茄套、康涅狄格阴植茄衣制成。雪茄的结构非常好且口感温和。1996 年，新的优质产品金 C.A.O. 雪茄上市，立即取得成功——以至于在本书撰写时，C.A.O. 的国际订单已经排到了 5 个月之后。它们有五种型号，用的都是尼加拉瓜茄芯、茄套和厄瓜多尔茄衣。

C 尼加拉瓜
F 温和至适中
Q 质量上乘

胖皇冠：长 6½ 英寸，环径 50

型 号

名称	长度（英寸）	环径
丘吉尔	8 英寸	50
总统	7½ 英寸	54
三角	7 英寸	36/54
朗斯代尔	7 英寸	44
胖皇冠	6 英寸	50
皇冠	6 英寸	42
小皇冠	5 英寸	40
罗布图	4½ 英寸	50

金 C.A.O. 型号

名称	长度（英寸）	环径
双皇冠	7½ 英寸	54
丘吉尔	7 英寸	48
胖皇冠	6½ 英寸	50
皇冠	5½ 英寸	42
罗布图	5 英寸	50

丘吉尔：长7英寸，环径48

马杜罗皇冠：长6英寸，环径42

总统：长7¹/₂英寸，环径54

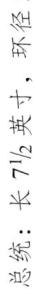

卡萨布兰卡 (CASA BLANCA)

制作精良的多米尼加雪茄，用的是克拉罗色康涅狄格茄衣，有些是马杜罗色茄衣；多米尼加茄芯，墨西哥茄套。卡萨布兰卡的特色是巨大雪茄。10英寸的耶罗波安和5英寸的半耶罗波安环径超过1英寸（66）。一般来说，雪茄的构造都很好（他们一定拥有一些卷制工巨擘），温和而顺滑。

总统：长 7½ 英寸，环径 50

型　号

名称	长度（英寸）	环径
耶罗波安	10 英寸	66
总统	7½ 英寸	50
梦龙	7 英寸	60
朗斯代尔	6½ 英寸	42
豪华	6 英寸	60
宾丽	6 英寸	35
皇冠	5½ 英寸	42
半耶罗波安	5 英寸	66
博尼塔	4 英寸	36

梦龙 XL：长 7 英寸，环径 60

半纳多波安：长 5 英寸，环径 66

朗斯代尔：长 6½英寸，环径 42

五世纪
(V CENTENNIAL)

"V Centennial"中的罗马数字V，表示这个品牌的创立是为了纪念哥伦布发现烟草五个世纪。同时它也提醒大家，这种雪茄是用来自五个国家的烟草制成的。茄衣烟叶来自美国（康涅狄格），茄套烟叶来自墨西哥，茄芯是混合物：洪都拉斯烟叶带来刺激，尼加拉瓜烟叶带来芳香，多米尼加烟叶加以润色。雪茄是在洪都拉斯生产的。

创造和维持这么多烟草的成功混合远非易事。很少有人会如此尝试。困难之处在于创造一种和谐并且适口的平衡，不过一旦实现，则会产生令人耳目一新的口感。总体来说，五世纪的克拉罗色雪茄，尤其是马杜罗色雪茄很成功，有几种型号可供选择。

这些雪茄是手工制作的，结构良好，尽管茄衣表面粗糙。其产品倾向于较大型号，价格合理。它的鱼雷雪茄形似大口径枪，而不是经典的金字塔形，不过这一变化很有趣，而且抽吸起来也不错。

型　号

名称	长度（英寸）	环径
总统	8 英寸	50
第一	7½ 英寸	38
鱼雷	7 英寸	36/54
丘吉尔	7 英寸	48
权杖	6¼ 英寸	44
第二	6 英寸	50
皇冠	5½ 英寸	42
罗布图	5 英寸	50

C 洪都拉斯
F 适中至浓郁
Q 质量上乘

鱼雷：长 7 英寸，环径 36/54

权杖：长 6 1/4 英寸，环径 44

丘吉尔：长 7 英寸，环径 48

高希霸
(COHIBA)

在哈瓦那雪茄历史上，高希霸是一个非常年轻的品牌（创立于 1968 年），值得注意的是，围绕着它居然有这么多的传说。第一就是它的名字，据说在原住民泰诺族印第安人的语言中，cohiba 是"烟草"的意思，但现在已经被理解为"雪茄"。另一个点是切·格瓦拉（Che Guevara）在高希霸创立时所起的作用。在埃尔·拉吉托工厂，他的肖像也许还挂在负责人办公室里。但是他在 1965 年辞去工业部长之职后，就于当年 10 月突然牺牲，此时高希霸品牌尚未诞生，他跟它的关系充其量只能说十分短暂。第三个说法是所有的高希霸雪茄都是埃尔·拉吉托工厂生产的，这在过去 20 多年里是实情，但现在已不是这样。

现在，关于高希霸起源的真相（la verdad），被 1994 年 6 月上任的负责人埃米莉亚·塔马约（Emilia Tamayo）披露了出来。这位迷人又非常能干的女性证实，这一切始于 60 年代中期。当时，菲德尔·卡斯特罗总统的一名警卫喜欢一个当地雪茄工匠私人供应的雪茄。总统抽到后非常喜欢，于是它们的创造者——爱德华多·里贝拉（Eduardo Ribera）被请来按照他的配方为卡斯特罗制作雪茄，地点在哈瓦那郊外埃尔·拉吉托工厂一座戒备森严的意大利式公寓里。

起初该雪茄没有名字，直到 1968 年才以"高希霸"的名字命名，开始时生产三种型号雪茄，每种都是总统个人非常喜爱的：长矛、特冠（Corona Especial）和宾丽。由于都是新创雪茄，所以它们有了新的厂内名称：拉吉托 1 号、2 号和 3 号。前两者有一个特色：茄帽上有个小辫子。

有 14 年时间，这三种高希霸仅供官方或外交使用。然而，在 1969 年大卫杜夫获准生产他的品牌时，他开始用不同的配方制作三种同样型号的雪茄，名为 1 号、2 号和大使夫人（Ambossadrice）；70 年代初，蒙特克里斯托也开始制作，名为特级（Especial）、特级 2 号和宝石（Joyita）。

　　这一时期，确切地说有 26 年，执掌高希霸的人是阿韦利诺·拉腊（Avelino Lara）（1968 年他接替了里贝拉）。拉腊和蔼可亲，是四个顶级雪茄卷制工兄弟中的老大，他定下的三个原则使得高希霸成为哈瓦那雪茄第一品牌和——这点还有争议——世界上最好的雪茄。

　　第一个原则是："优中选优。"布埃尔塔·阿瓦霍地区最好的十块土地的产出由他支配，每年他从中再挑出五个最好的用作茄衣、茄套、浅叶、干叶和淡叶。第二是采用一种特殊的三段式发酵，这在哈瓦那品牌雪茄中也是独一无二的，且只用于浅叶和干叶这两种类型的烟叶。烟叶在桶中陈化的时候，加入水分进行发酵，以便去除残存的酸涩。第三是，制作高希霸的只能是古巴最有才干的卷制工，在埃尔·拉吉托工厂，这些人全是女性。

　　1982 年有消息传出，高希霸已经决定将这些充满传奇色彩的雪茄供应给普通人，而不是西班牙国王及其他此类国家元首。七年后，又有三种型号的雪茄上市：辉煌（Esplendido）（丘吉尔型号）、罗布图（Robusto）和精致（Exquisito）。"精致"的尺寸也很独特：长 5 英寸，环径为 36。三者中只有"精致"是在埃尔·拉吉托生产的，其他两种则由乌普曼或帕塔加斯生产。

　　最近，为了庆祝哥伦布在古巴发现雪茄五百周年，五种被称为领雅 1492（Linea 1492）[先前的六种型号现在称为领雅经典（Linea Clasica）] 的新型号于 1992 年 11 月哈瓦那的一次庆典上首次亮相，并于一年后在伦敦克拉里奇酒店（Claridge's Hotel）的盛大晚宴上公开发行。这些型号被命名为世纪（Siglo，意思是世纪）Ⅰ、Ⅱ、Ⅲ、Ⅳ、Ⅴ，是为了纪念哥伦布发现新大陆已有五个世纪，它们与一些如今已不在古巴生产的大卫杜夫雪茄很相似。这些在帕塔加斯精心制作的雪茄，据说比领雅经典雪茄的风味要淡，而后者以较大的型号和少见的浓郁口感著称。

　　在美国少量雪茄店里可以发现多米尼加生产的高希霸。这些雪茄与上述高希霸无关，却反映了通用雪茄公司（General Cigar）的精明，它早在 80 年代初就在美国注册了高希霸这一名称。与很多人所想的截然不同，废止美国和古巴贸易禁运那一天最终到来时，高希霸和其他几乎所有哈瓦那雪茄并不会涌上美国雪茄商的货架。相反，律师们会高兴地摩拳擦掌，因为解决世界上最复杂的一个商标问题的战役开始了。

型　　号

名称	长度（英寸）	环径
长矛	7½ 英寸	38
辉煌	7 英寸	47
特冠	6 英寸	38
精致	5 英寸	36
罗布图	4⅞ 英寸	50
宾丽	4½ 英寸	26

爱德华多·里贝拉，高希霸原初配方的创造者。

辉煌：长 7 英寸，环径 47

精致：长 5 英寸，环径 36

袅丽：长 4¹/₂ 英寸，环径 26

长矛: 长 7½ 英寸, 环径 38

特冠: 长 6 英寸, 环径 38

罗布图: 长 4⅞ 英寸, 环径 50

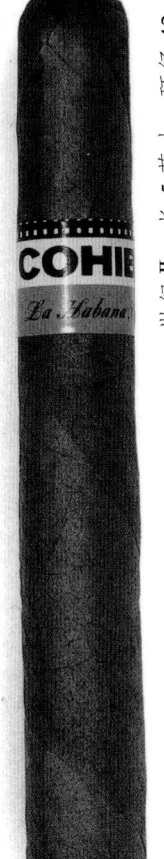

世纪 II：长 5 英寸，环径 42

世纪 I：长 4 英寸，环径 40

C 古巴
F 适中至浓郁
Q 顶级产品

埃米莉亚·塔马约，埃尔·拉吉托工厂 1994 年以来的负责人；拉斐尔·格拉（Rafael Guerra），雪茄生产主管。

世纪系列

名称	长度（英寸）	环径
世纪 V	6⅝ 英寸	43
世纪 III	6⅛ 英寸	42
世纪 IV	5⅝ 英寸	46
世纪 II	5 英寸	42
世纪 I	4 英寸	40

世纪Ⅴ：长 6⅝ 英寸，环径 43

世纪Ⅳ：长 5⅝ 英寸，环径 46

世纪Ⅲ：长 6⅛ 英寸，环径 42

库阿巴
(CUABA)

1996 年秋天上市，是最新推向市场的哈瓦那雪茄，由古巴罗密欧与朱丽叶工厂生产。它的名字源自泰诺族印第安语中的一个古老词汇，是一种灌木，至今仍生长在古巴岛上。因为易燃，它被用来在宗教仪式上点燃雪茄。时至今日，古巴农民仍然会说："像库阿巴一样燃烧（Quemar como una Cuaba）。"

这一产品线共有四个型号，会让人回忆起古典雪茄。每支雪茄都有一个锥形的尾端，这种造型被称为"菲瓜尔多"（figuardo），在 19 世纪很受欢迎，后来让位于主导 20 世纪潮流的圆柱形（parejo）雪茄。

这种雪茄口感温和至适中，品质超群。

神圣：长 4 英寸，环径 43

型　号

名称	长度（英寸）	环径
独家	5⅝ 英寸	46
慷慨	5¼ 英寸	42
传统	4¾ 英寸	42
神圣	4 英寸	43

一个典型的古巴雪茄农场，雪茄植株中间有茅草搭的烟房。

独家：长 5⅝ 英寸，环径 46

传统：长 4¾ 英寸，环径 42

慷慨：长 5¼ 英寸，环径 42

古巴阿里亚多斯 (CUBA ALIADOS)

每支阿里亚多斯雪茄的茄标上都有着"古巴"这个词。但它并非产自古巴。它产自洪都拉斯。毫无疑问，这是古巴移民的手笔。毫无疑问，雪茄的制作过程由定居国外的古巴人管理；毫无疑问，烟草种子是古巴移民带来的，但它仍然不能算古巴雪茄。

从某些方面来说这很遗憾，因为这些雪茄不错。它们反映出古巴人民无论到了什么地方都葆有对于制作好雪茄的不懈挚爱；它们无论产自何处，都有可以立足的品质。金字塔和王冠（Diademas）型号是雪茄制作艺术的杰作。

大多数型号都有克拉罗色、科罗拉多克拉罗色和科罗拉多色三种茄衣可供选择，这给适中至浓郁的口感增添了不同的风味。科罗拉多色尤其浓烈。

型　号

名称	长度（英寸）	环径
将军	18 英寸	66
雕像	10 英寸	60
王冠	7½ 英寸	60
金字塔	7½ 英寸	60
丘吉尔	7⅛ 英寸	54
瓦伦蒂诺	7 英寸	48
猎人	7 英寸	45
棕榈	7 英寸	36
豪华皇冠	6½ 英寸	45
福马	6½ 英寸	45
朗斯代尔	6½ 英寸	42
公牛	6 英寸	54
4 号	5½ 英寸	45
雷梅苔丝	5½ 英寸	42
罗斯柴尔德	5 英寸	51
小权杖	5 英寸	36

罗斯柴尔德：长 5 英寸，环径 51

豪华皇冠：长 6¹/₂ 英寸，环径 45

朗斯代尔：长 6¹/₂ 英寸，环径 42

科斯塔 - 雷伊
(CUESTA-REY)

科斯塔 - 雷伊的名字可以追溯到佛罗里达州坦帕市还是美国繁荣的雪茄制造业之都的时期。该品牌于 1884 年由安吉尔·拉·马德里·科斯塔（Angel La Madrid Cuesta）创立，很快佩雷格里诺·雷伊（Peregrino Rey）加入，营运"纯哈瓦那"雪茄（用古巴烟草在美国制作的雪茄）。

目前，科斯塔 - 雷伊由纽曼（Newman）家族主持，他们是坦帕雪茄公司最后的所有者。一个世纪以来，他们创造了辉煌的历史，被烟草业历史学家格伦·韦斯特福尔（Glen Westfall）记录在他刚出版的一本书里。

目前有两个系列：内阁精选（Cabinet Selection）和百年纪念（Centennial Vintage Collection）。后者是为庆祝该品牌于 1884 年创立而生产的。

这两个系列都是在多米尼加共和国完全由手工制作的。下面列出的是百年纪念系列，这一品牌在世界各地都有售。这些雪茄采用康涅狄格阴植茄衣和多米尼加茄套，百分百手工制作。茄芯是用四种长茄芯烟叶混合而成的。

型　号

名称	长度（英寸）	环径
个性	8½ 英寸	52
多米尼加 #1	8½ 英寸	52
多米尼加 #2	7¼ 英寸	48
贵族	7¼ 英寸	48
多米尼加 #3	7 英寸	36
里维埃拉	7 英寸	35
多米尼加 #4	6½ 英寸	42
多米尼加 60 号	6 英寸	50
凯普蒂瓦	6³⁄₁₆ 英寸	42
罗布图	4½ 英寸	50
多米尼加 #5	5½ 英寸	43
卡美奥	4¼ 英寸	32

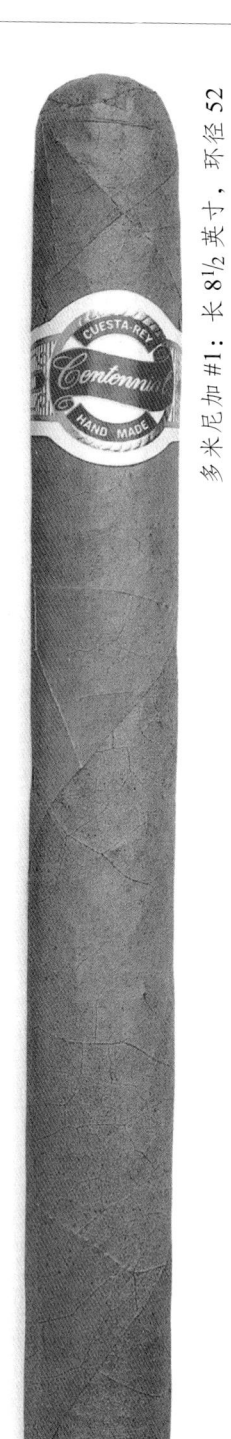

多米尼加 #1：长 8½ 英寸，环径 52

多米尼加 #5：长 5½ 英寸，环径 43

凯普蒂瓦：长 6³/₁₆ 英寸，环径 42

Ⓒ 多米尼加
Ⓕ 温和
Ⓠ 质量上乘

大卫杜夫 (DAVIDOFF)

大卫杜夫是全世界格调和质量的代名词。它的业务领域包括男性香水、领带、眼镜、干邑、雪茄盒、公文包等，但基业是雪茄。在 20 世纪后期创建这样一个价值数百万美元的烟草产品企业是一项非凡的成就，这要归功于大卫杜夫的灵感和恩斯特·施耐德（Ernst Schneider）的商业化经营。

季诺·大卫杜夫（Zino Davidoff）于 1994 年 1 月 14 日去世，享年 88 岁。他的一生就像一部 20 世纪的历史。他出生在基辅，他的家庭逃离了大屠杀，在日内瓦定居并开了一家烟草店，列宁就是这家店的顾客。年轻的季诺游历了中美洲和南美洲生产烟草的土地，最后来到古巴，在那里结下了一生的情缘。二战结束时，他从法国维希政府那里获得了大量哈瓦那雪茄，由此拥有了一批罕见的顶级雪茄。1947年，他将个人魅力与深厚的学识相结合，在古巴好友蒙特雷品牌的"内阁"雪茄的基础上，创造出自己的"庄园"（Chateau）系列；1969 年，在 63 岁时，他得到古巴哈瓦那品牌工业界的嘉奖。

他与恩斯特·施耐德的合作可以追溯到 1970 年，当时施耐德是瑞士少数几个本地进口商之一。施耐德的总部位于巴塞尔（Basel）的厄廷格·伊迈克斯（Oettinger Imex）公司看中了大卫杜夫品牌在全球的潜力及其凭借古巴烟草专业知识开发的一系列雪茄。大卫杜夫哈瓦那雪茄有三个系列，每个都有自己独特的风味。最浓郁的是"庄园"系列，最淡的是唐培里侬（Dom Perignon）1号、2 号和"大

大卫杜夫的日内瓦分部外观。

使夫人"，居于中间的是"千"（Thousand）系列。

由于厄廷格公司和古巴烟草公司之间的争端，这些雪茄已不再生产，这是一场悲剧。它也导致哈瓦那的大卫杜夫雪茄在 1990 年 3 月停产，转移到多米尼加共和国。

关于这段曾经非常成功的合作为何会破裂有着许多猜测。保罗·加米利安（Paul Garmirian）在《雪茄品鉴指南》（*The Gourmet Guide to Cigars*）一书中所做的阐述可能是最全面的。

为了长久的信誉，大卫杜夫和施耐德并没有试图重现他们以前雪茄的风味。在很多情况下，型号可能相同，具有各自口感风格的不同系列雪茄的理念也保留着，但是他们已经着手创造最好的多米尼加雪茄。他们承认这样一来风味整体会有点淡，但相信会有雪茄客因此感

多米尼加型号

名称	长度（英寸）	环径
周年庆 1 号	8⅔ 英寸	48
双 R	7½ 英寸	50
铝管 1 号	7½ 英寸	38
周年庆 2 号	7 英寸	48
3000	7 英寸	33
特级酒庄 1 号	6³⁄₃₂ 英寸	42
4000	6³⁄₃₂ 英寸	42
特制 T	6 英寸	52
铝管 2 号	6 英寸	38
5000	5⅝ 英寸	46
特级酒庄 2 号	5⅝ 英寸	42
铝管 3 号	5⅛ 英寸	30
特级酒庄 3 号	5 英寸	42
2000	5 英寸	42
特制 R	4⅞ 英寸	50
特级酒庄 4 号	4⅝ 英寸	40
1000	4⅝ 英寸	34
大使夫人	4⅝ 英寸	26
特级酒庄 5 号	4 英寸	40

到高兴。他们在世界上一些地方的成功表明他们是对的，但这并不意味着许多以前的爱好者没有深感失望。

多米尼加生产的大卫杜夫雪茄制作完美，用的是克拉罗色的康涅狄格茄衣。"特级酒庄"（Grand Cru）系列以最丰富的口感取代了以前的"庄园"系列。1号、2号、3号和"大使夫人"有着微妙的温和口感，"千"系列也是温和的。还有一个较粗的"特制"（Special）系列，包括特制R（罗布图）、特制T（金字塔）、双R（双皇冠）和最新的特制C（蛇形）。

最后，还有两个"周年庆"（Aniversario）（这个名字最初被用于一种庆祝大卫杜夫80岁生日的限量版古巴雪茄）型号，它们在大卫杜夫所有型号雪茄中是口感最轻盈的。

纽约大卫杜夫商店内景。

| ⓒ 多米尼加 |
| Ⓕ 温和至适中 |
| Ⓠ 质量上乘 |

铝管 2 号：长 6 英寸，环径 38

特制 T：长 6 英寸，环径 52

双 R：长 7¹/₂ 英寸，环径 50

外交官
(DIPLOMATICOS)

外交官系列最初是为供应法国市场而在 1966 年创立的。虽然茄标上四轮马车与书卷的标志更多要归功于沃尔特·迪斯尼而不是雪茄界传统，但它现在已被多米尼加共和国的利森西亚托斯（Licenciados）品牌（书中也有收录）采用。这种雪茄可以买到，但可选择的型号不多。口感与标签不同的蒙特克里斯托类似，而且售价更便宜。

外交官雪茄结构很好，具有一种浓郁但是微妙的口感和完美的芳香。它们价廉物美，值得购买。它们都是好雪茄，尤其是 1 号、2 号和 3 号。其型号和编号与蒙特克里斯托系列相似——只是其产品线较少。

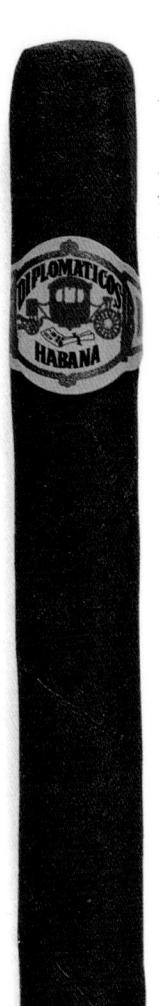

外交官 1 号：长 6½ 英寸，环径 42

型　号

名称	长度（英寸）	环径
6 号	7½ 英寸	38
1 号	6½ 英寸	42
2 号	6⅛ 英寸	52
7 号	6 英寸	38
3 号	5½ 英寸	42
4 号	5 英寸	42
5 号	4 英寸	40

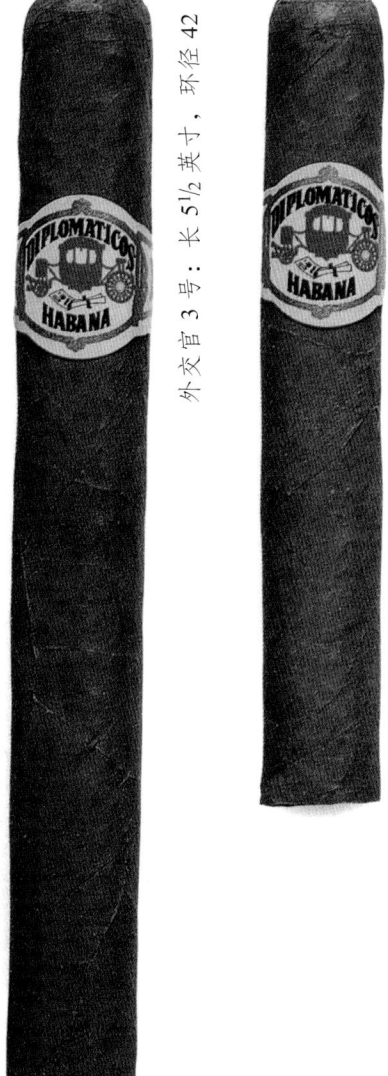

外交官 2 号：长 6$\frac{1}{8}$ 英寸，环径 52

外交官 3 号：长 5$\frac{1}{2}$ 英寸，环径 42

外交官 5 号：长 4 英寸，环径 40

C 古巴

F 适中至浓郁

Q 质量上乘

唐迭戈
(DON DIEGO)

这些醇厚的雪茄采用克拉罗色和科罗拉多克拉罗色茄衣，在多米尼加共和国制作，风味温和至适中（与其竞争对手马卡努多雪茄没有太大差别）。它们制作精良，既有管装也有盒装。这一品牌原来在加那利群岛（Canary Islands）生产——直到 70 年代中期——与之后的品质有些不同。通常采用康涅狄格茄衣，但一些型号（大部分是较小型号）采用风味更浓烈、口感更甜的喀麦隆茄衣。有些型号有双克拉罗（AMS）和科罗拉多（EMS）两种选择。

管装的"帝王"（Monarch）质量很好，朗斯代尔（Lonsdales）也是如此。皇家棕榈（Royal Palms）和主冠（Corona Major）也是管装的型号。一般来说，这种品牌的雪茄风味、香味、燃烧品质均属一流。唐迭戈"私享"（Privates）熟化更加完全。

型　号

名称	长度（英寸）	环径
帝王（EMS）	7¼ 英寸	46
朗斯代尔（EMS/AMS）	6⅝ 英寸	42
勇冠	6½ 英寸	48
希腊人（EMS）	6½ 英寸	38
皇家棕榈	6⅛ 英寸	36
皇冠（EMS/AMS）	5⅝ 英寸	42
小皇冠（EMS/AMS）	5⅛ 英寸	42
主冠（EMS/AMS）	5¹¹⁄₁₆ 英寸	42
婴儿	5⅛ 英寸	33
序曲	4 英寸	28

皇冠：长 5⅝ 英寸，环径 42

主冠：长 5¹/₁₆ 英寸，环径 42

朗斯代尔：长 6⅝ 英寸，环径 42

科罗拉多朗斯代尔：长 6½ 英寸，环径 44

唐利诺
（DON LINO）

洪都拉斯手工雪茄唐利诺于 1989 年上市，近几年又增加了两个新系列。原有的 15 种型号雪茄用康涅狄格阴植烟叶做茄衣，茄芯是混合的淡色洪都拉斯烟草，价格相当合理。

"哈瓦那珍藏"（Habana Reserve）系列的 7 个型号用的也是康涅狄格茄衣，并声称在出售之前经过 4 年陈化。这使其风味醇厚，但价格也涨上去了。

1994 年，采用深色康涅狄格阔叶茄衣制成的大型号科罗拉多系列雪茄上市。它们也有经过陈化的迹象，并有一种令人愉快的温和至适中的口感。每种型号的雪茄都有自己的保湿器，可以放在标准的雪松木盒内。

如果想买茄芯扎实的雪茄，那么唐利诺正适合你。但是，它们的茄芯有时太紧实了，会影响抽吸。

C 洪都拉斯
F 温和至适中
Q 烟叶质量和
　结构俱佳

型 号

名称	长度（英寸）	环径
权威	8½ 英寸	52
丘吉尔	7½ 英寸	50
鱼雷	7 英寸	48
宾丽	7 英寸	36
1 号	6½ 英寸	44
5 号	6¼ 英寸	44
3 号	6 英寸	36
皇冠	5½ 英寸	50
罗布图	5½ 英寸	50
公牛	5½ 英寸	46
佩蒂塞特罗	5½ 英寸	42
4 号	5 英寸	42
罗斯柴尔德	4½ 英寸	50
美食家	4½ 英寸	32
哈瓦那珍藏系列		
丘吉尔	7½ 英寸	50
宾丽	7⁷⁄₁₆ 英寸	36
鱼雷	7 英寸	48
#1	6½ 英寸	44
铝管	6½ 英寸	44
公牛	5½ 英寸	46
罗布图	5½ 英寸	50
罗斯柴尔德	4½ 英寸	50
科罗拉多系列		
总统	7½ 英寸	50
鱼雷	7 英寸	48
朗斯代尔	6½ 英寸	44
罗布图	5½ 英寸	50

**唐佩佩
(DON PEPE)**

1994 年 11 月，该品牌在巴西上市，它是苏埃尔迪克（Suerdieck）最新增加的产品线。它在美国已经很受欢迎。其茄芯由马塔·娜塔（mata norte）和马塔·菲娜（mata fina）两种烟草混合而成，茄衣采用巴西种植的苏门答腊烟叶。目前有 7 种型号，风味适中至浓郁，丰富而带有土味。

型 号

名称	长度（英寸）	环径
双皇冠	7½ 英寸	52
丘吉尔	7 英寸	48
小朗斯代尔	6 英寸	43
细宾丽	5¼ 英寸	26
罗布图	5 英寸	52
半皇冠	4¼ 英寸	34

巴西烟田。底部的烟叶可以采收了。

丘吉尔：长 7 英寸，环径 48

罗布图：长 5 英寸，环径 52

双皇冠：长 7½ 英寸，环径 52

结构适中

○ 巴西种植

已经获得中等声望

美食家：长 4$\frac{1}{2}$ 英寸，环径 50

唐拉莫斯 (DON RAMOS)

这些制作精良、风味浓烈的百分百洪都拉斯雪茄在圣佩德罗·德·苏拉（San Pedro de Sula）生产，主要供应英国市场。现在共有 7 种型号，都是按批次出售的。管装有 5 种，盒装有 4 种。批次编号很简单，11 号是丘吉尔，14 号是皇冠，19 号是罗斯柴尔德，等等，都物有所值。大型号——长 6$\frac{3}{4}$ 英寸、环径 47（丘吉尔 / 巨人 /11 号），长 5$\frac{5}{8}$ 英寸、环径 46（13 号）和 4$\frac{1}{2}$ 英寸、环径 50（美食家 /19 号）的雪茄销售情况很好。所有型号的雪茄都风味浓郁而有辛辣味。下表给出了批次的编号。

型　号

名称	长度（英寸）	环径
11 号	6$\frac{3}{4}$ 英寸	47
13 号	5$\frac{5}{8}$ 英寸	46
14 号	5$\frac{1}{2}$ 英寸	42
16 号	5 英寸	42
19 号	4$\frac{1}{2}$ 英寸	50
20 号	4$\frac{1}{2}$ 英寸	42
17 号	4 英寸	42

C 洪都拉斯
F 适中至浓郁
Q 质量上乘

11 号：长 6¼ 英寸，环径 47

14 号：长 5½ 英寸，环径 42

16 号：长 5 英寸，环径 42

唐托玛斯
(DON TOMAS)

这一制作很精良的洪都拉斯雪茄共有 3 条产品线，价格水平各不相同。特版系列包括 5 种超高价型号，采用洪都拉斯塔兰加（Talanga）附近种植的烟叶制成，烟草种子来自洪都拉斯、多米尼加和康涅狄格。国际系列只有 4 种型号，茄标独特，用纯古巴种子种出的烟叶混合制成，价格高昂。标准系列采用原色或马杜罗色茄衣，型号较多，包括具有异常大环径的所谓皇冠，但是口感很好。

大皇冠：长 6½ 英寸，环径 44

型　号

名称	长度（英寸）	环径
巨人	8½ 英寸	52
帝国	8 英寸	44
总统	7½ 英寸	50
长宾丽	7 英寸	38
权杖 2 号	6½ 英寸	44
大皇冠	6½ 英寸	44
权威	6¼ 英寸	42
宾丽	6 英寸	36
皇冠	5½ 英寸	50
公牛	5½ 英寸	46
斗牛士	5½ 英寸	42
率直	5 英寸	42
罗斯柴尔德	4½ 英寸	50
美食家	4½ 英寸	32

帝国：长 8 英寸，环径 44

率直：长 5 英寸，环径 42

总统：长 7½ 英寸，环径 50

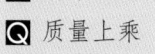

C 洪都拉斯

F 适中至浓郁

Q 质量上乘

百年：长6英寸，环径50

| 登喜路 (DUNHILL) | 老牌英国公司阿尔弗雷德·登喜路（Alfred Dunhill）与优质雪茄有着久远的联系。 |

1935年，登喜路被梅内德斯和加西亚公司（the Menendez y Garcia company）委托代售其初创品牌蒙特克里斯托。也有自有品牌，像唐坎迪多（Don Candido）和唐阿尔弗雷多（Don Alfredo）。20世纪80年代，登喜路短暂营创过自己的哈瓦那雪茄品牌，有些型号像"内阁"（Cabinetta）和"海滨大道"（Malecon）故意用红色茄标，上面印有公司伸长的"d"商标。

现在登喜路因为两个系列的雪茄得到赞誉，一个是产自多米尼加共和国的陈年雪茄（Aged Cigar），它在全美、欧洲和中东均有销售；另一个产自加那利群岛。

多米尼加型号

名称	长度（英寸）	环径
佩拉维亚	7 英寸	50
卡贝拉斯	7 英寸	48
奇妙	7 英寸	28
钻石	6⅝ 英寸	42
萨马纳斯	6½ 英寸	38
百年	6 英寸	50
康达多斯	6 英寸	48
塔巴拉斯	5⁹⁄₁₆ 英寸	42
瓦莱德斯	5⁹⁄₁₆ 英寸	42
阿尔塔米斯	5 英寸	48
罗曼纳斯	4½ 英寸	50
巴伐利亚人	4½ 英寸	28
卡莱塔斯	4 英寸	42

罗曼纳斯：长 4¹/₂ 英寸，环径 50

佩拉维亚：长 7 英寸，环径 50

特冠：长 5 英寸，环径 50

陈年雪茄有 13 种型号，都是多米尼加茄芯和美国康涅狄格茄衣。这些中等价位的雪茄在上市销售前至少陈化 3 个月时间，它们外观精美，带有蓝色茄标，茄芯混合及整体制作精良。它们燃烧均匀，具有独特的适中至浓郁、但绝不会过度的风味，并带着淡淡的芳香。更为独特的是，这一品牌还会标明年份，表示所用烟草是在某一特定年份收获的。

加那利群岛系列型号较少，一共只有 5 种。这些雪茄贴有独特的红色茄标，风味温和至适中，带有一点甜味。它们也结构良好，但有点粗糙，抽起来不够顺滑。

宾丽：长 6 英寸，环径 30

加那利群岛型号

名称	长度（英寸）	环径
大朗斯代尔	7½ 英寸	42
大皇冠	6½ 英寸	43
宾丽	6 英寸	30
特级皇冠	5½ 英寸	50
皇冠	5½ 英寸	43

C 加那利群岛
F 温和至适中
Q 烟叶质量和
　结构俱佳

埃尔·雷伊·德尔·蒙多 (EL REY DEL MUNDO)

这个品牌有个充满自信的名字，意思是"世界之王"，它是 1882 年由安东尼奥·阿隆斯公司（Antonio Allones company）创立的。许多雪茄行家都把它归为自己最爱的品牌之一。该品牌型号较多，有些是机制雪茄。它们和其他适中风味雪茄都在罗密欧与朱丽叶工厂生产。另外，该厂还生产中等浓郁的雪茄。还有 26 种制作精良（但是更浓郁）的型号（见下页）在洪都拉斯的 J.R. 烟草公司生产，但是采用了完全不同的名称，例如拉内萨之花（Flor de Llaneza）、帝国和蒙特卡罗（Montecarlo），只有至尊之选（Choix Supreme）名字相同。有些雪茄采用多米尼加茄芯以营造较淡的风味，目标受众是经验较少的雪茄客。

埃尔·雷伊·德尔·蒙多的皇冠型号是电影制片人达里尔·柴纳克（Darryl F. Zanuck）——20 世纪福克斯公司前总裁——最爱的雪茄。实际上，他在古巴曾经拥有一个种植园。英国大亨特伦斯·考伦（Terence Conran）爵士也是这种雪茄的粉丝。

该品牌的古巴产雪茄，尤其是较大型号雪茄结构良好，品质很高，具有光滑的油性茄衣。即使是较大型号也是柔和的，风味温和至适中（对于那些视大雪茄如命的人来说太温和了），总是带着微妙的芬芳。它们是很棒的入门雪茄，而且非常适合白天抽吸；但即使是较大型号的雪茄，也不适合在大餐后品尝。

古巴型号

名称	长度（英寸）	环径
优雅	6⅞ 英寸	28
朗斯代尔	6⅜ 英寸	42
豪华皇冠	5½ 英寸	42
至尊之选	5 英寸	48
小皇冠	5 英寸	42
微皇冠	4½ 英寸	40
半杯	3⅞ 英寸	30

洪都拉斯型号

名称	长度（英寸）	环径
加冕礼	8½ 英寸	52
主流	8 英寸	47
世界之花	7¼ 英寸	54
超人罗布图	7¼ 英寸	54
帝国	7¼ 英寸	54
巨冠	7¼ 英寸	47
双皇冠	7 英寸	49
雪松	7 英寸	43
拉内萨之花	6½ 英寸	54
拉文达之花	6½ 英寸	52
种植园	6½ 英寸	30
至尊之选	6⅛ 英寸	49
蒙特卡罗	6⅛ 英寸	48
大罗布图	6 英寸	54
原初	5⅝ 英寸	45
经典皇冠	5⅝ 英寸	45
皇冠	5⅝ 英寸	45
矩形	5⅝ 英寸	45
哈瓦那俱乐部	5½ 英寸	42
*蒂诺	5½ 英寸	38
*优雅	5⅜ 英寸	29
*雷尼塔	5 英寸	38
罗布图	5 英寸	54
萨瓦拉罗布图	5 英寸	54
罗斯柴尔德	5 英寸	50
*小朗斯代尔	4⅝ 英寸	43
牛奶咖啡	4½ 英寸	35

*较淡的多米尼加茄芯。

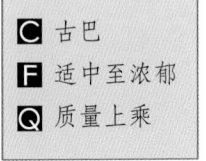

C 古巴
F 适中至浓郁
Q 质量上乘

颜色较深
C　较浅的棕色
M　中等棕色
C　较深的棕色

皇冠：长 5⅝ 英寸，环径 45

牛奶咖啡：长 4½ 英寸，环径 35

世界之龙：长 7¼ 英寸，环径 54

圣剑
(EXCALIBUR)

圣剑是好友蒙特雷品牌中最好的雪茄之一，由维拉松（Villazon）工厂生产，茄衣烟叶种子来自哈瓦那，在洪都拉斯种植（参见好友蒙特雷条）。风味适中至浓郁，口感丰富，制作极其精良，是市场上最好的非古雪茄之一。它们在美国出售时使用好友蒙特雷的标签（茄标底部加上"圣剑"字样），但因为商标的缘故，在欧洲一般就以圣剑的名义出售。Ⅱ号值得一试。

Ⅳ号：长 5⅝ 英寸，环径 46

型　号

名称	长度（英寸）	环径
Ⅰ号	7¼ 英寸	54
盛宴	6¾ 英寸	48
Ⅱ号	6¾ 英寸	47
Ⅲ号	6⅛ 英寸	48
Ⅴ号	6¼ 英寸	45
Ⅳ号	5⅝ 英寸	46
Ⅵ号	5½ 英寸	38
Ⅶ号	5 英寸	43
缩微	3 英寸	22

C 洪都拉斯
F 适中至浓郁
Q 质量上乘

菲利普·格雷戈里奥 (FELIPE GREGORIO)

菲利普·格雷戈里奥创立于 1990 年，是洪都拉斯的王牌雪茄。它以公司创建者的名字命名，在美国获得了广泛的成功。用于制造茄芯、茄套和茄衣的烟草均在洪都拉斯的哈马斯特兰（Jamastran）河谷种植，而且每支雪茄都是用同一个种植园（finca）出产的烟叶制成的，所以每支雪茄都很纯（puro）。让人特别感兴趣的是，所用的茄衣烟叶的质量跟茄套烟叶是相同的。这种雪茄有 6 种型号，结构都非常优良。

罗布图：长 5 英寸，环径 52

型　号

名称	长度（英寸）	环径
光荣	7¾ 英寸	50
华丽	7 英寸	48
标力高	6 英寸	鱼雷
罗布图	5 英寸	52
宁静	5¾ 英寸	42
尼诺	4¼ 英寸	44

C 洪都拉斯
F 适中
Q 烟叶质量和
结构俱佳

丰塞卡 (FONSECA)

丰塞卡雪茄盒上同时印着纽约的自由女神像和哈瓦那的莫罗（Morro）城堡，这表明该品牌诞生时，这两座伟大的城市的关系比今天要平和。

自1965年起，该品牌也在多米尼加共和国生产，最初用喀麦隆茄衣，但现在改用浅色康涅狄格阴植茄衣。雪茄制作非常精良，墨西哥茄套与多米尼加茄芯相结合，产生了真正的温和口感。

古巴丰塞卡雪茄型号不多，其特色是每支雪茄都用白棉纸包裹。它在巴塞罗那很受欢迎，抽过该雪茄的人会再次购买，销量惊人地大。风味清淡至适中，略带咸味。

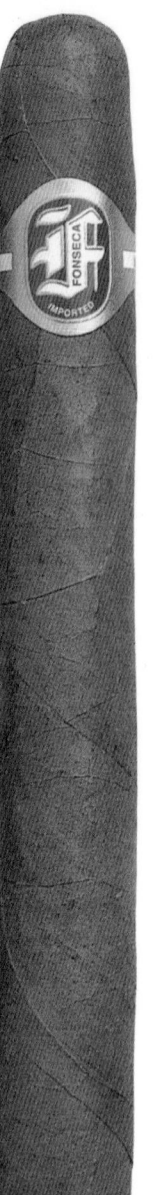

#10-10：长7英寸，环径50

多米尼加型号

名称	长度（英寸）	环径
#10-10	7英寸	50
#7-9-9	6½英寸	46
#8-9-9	6英寸	43
三角	5½英寸	56
#5-50	5英寸	50
#2-2	4¼英寸	40

古巴型号

名称	长度（英寸）	环径
1号	6⅜英寸	44
哥萨克	5¼英寸	40
不败	5¼英寸	45
美味	4⅞英寸	40
K.D.T.学员	4½英寸	36

K.D.T.学员：长 4¹/₂ 英寸，环径 36

哥萨克：长 5¹/₄ 英寸，环径 40

1号：长 6³/₈ 英寸，环径 44

格里芬 (GRIFFIN'S)

格里芬是季诺·大卫杜夫的早期弟子伯纳德·格罗贝（Bernard H. Grobet）的创意。他在十多年前就已经看到多米尼加共和国雪茄生产潜力，是最早看出这一点的欧洲人之一。最近，该品牌的生产和营销归其从前的老师的机构——大卫杜夫公司（Davidoff & Cie）管理。雪茄采用浅色康涅狄格茄衣，外观漂亮，结构良好。风味来自多米尼加茄芯，效果正如预期，但价格相当昂贵。

型 号

名称	长度（英寸）	环径
威信	7½ 英寸	50
200 号	7 英寸	43
100 号	7 英寸	38
300 号	6¼ 英寸	43
400 号	6 英寸	38
500 号	5¹⁄₁₆ 英寸	43
罗布图	5 英寸	50
特权	5 英寸	32

C 多米尼加
F 温和至适中
Q 质量上乘

300 号：长 6¼ 英寸，环径 43

乌普曼
(H. UPMAN)

赫尔曼·乌普曼（Herman Upmann）出身于欧洲的一个银行世家，而且喜爱好雪茄。他会在 1840 年左右自告奋勇到哈瓦那开一家分行，并不令人感到奇怪。他寄回家的雪茄很受欢迎，于是在 1844 年投资了一家雪茄工厂。公司的银行业和雪茄贸易都很成功，直到 1922 年，先是银行，继而是雪茄生意，都出现了问题。一家名为 J. 弗兰考的英国公司（J. Frankau Co.）救了这一雪茄品牌并经营该工厂，直到 1935 年将其卖给新组建的梅内德斯和加西亚公司。

1944 年，一家新的乌普曼工厂在哈瓦那旧城的友谊街（Calle Amistad）开张，以纪念乌普曼企业创立 100 周年。该品牌直到今天仍在生产，现任领导者是富有才干的贝尼托·莫利纳（Benito Molina）。

乌普曼雪茄风味温和至适中，非常顺滑、微妙。总的来说雪茄品质很令人满意，但有时候，尤其是机制雪茄，结构和燃烧质量不佳，偶尔会过热，回味有点苦。不过，对于新手或在便餐后抽吸，这种雪茄还是很好的。古巴乌普曼雪茄的型号超过 30 种，让人晕头转向，但其中大部分都与别的型号相似。许多乌普曼雪茄装在管中出售（包括机制雪茄，所以要留意）。但只有手工乌普曼雪茄会出口到英国。

多米尼加共和国的联合雪茄公司也生产同样名称的手工雪茄，用的是喀麦隆茄衣和拉丁美洲茄芯。这些雪茄相当好，制作精良，风味温和至适中，通常采用科罗拉多色的油性茄衣。盒装雪茄有 12 种型号，包括帝国皇冠、朗斯代尔、皇冠、小皇冠和丘吉尔。还有 6 种管装型号。非哈瓦那乌普曼雪茄的标签上印着"H. Upmann 1844"，古巴版则印着"H. Upmann Habana"。下面给出的型号是标准的哈瓦那版。

古巴型号

名称	长度（英寸）	环径
君主	7 英寸	47
君主（也叫温斯顿爵士）	7 英寸	47
朗斯代尔（以及 1 号）	6½ 英寸	42
乌普曼 2 号	6⅛ 英寸	52
大皇冠	5¾ 英寸	40
梦龙	5½ 英寸	46
皇冠	5½ 英寸	42
皇家皇冠	5½ 英寸	42
主冠	5 英寸	42
鉴赏家 1 号	5 英寸	48
小皇冠（以及 4 号）	5 英寸	42
少年皇冠	4½ 英寸	36
小乌普曼	4½ 英寸	36

乌普曼 2 号：长 6¹/₈ 英寸，环径 52

主冠：长 5 英寸，环径 42

朗斯代尔（以及 1 号）：长 6¹/₂ 英寸，环径 42

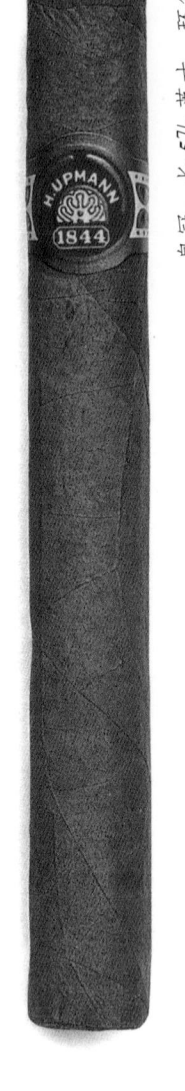

佩克诺斯 100 号：长 4 1/2 英寸，环径 50

皇冠：长 5 7/8 英寸，环径 42

朗斯代尔：长 6 5/8 英寸，环径 42

C	多米尼加
F	温和至适中
Q	烟叶质量和
	结构俱佳

金哈瓦那
(HABANA GOLD)

金哈瓦那雪茄有 8 种型号，分为 3 个不同的类型：黑色茄标、白色茄标和纯正特定年份雪茄。每种类型各有不同，纯正特定年份雪茄得到高度推崇。所有雪茄均在洪都拉斯生产，采用尼加拉瓜茄芯和茄套，不同茄衣赋予了雪茄各自的风味。黑色茄标雪茄采用原色印度尼西亚茄衣，风味顺滑而带着辛辣。白色茄标雪茄采用深色尼加拉瓜茄衣，具有丰富的巧克力风味。顺带一提，用来制造白色茄标雪茄的所有烟草都是同一块地里出产的，好制作出"纯"雪茄。纯正特定年份雪茄采用深色的特定年份厄瓜多尔茄衣制作，风味温和至适中，品质卓越。

型 号

名称	长度（英寸）	环径
总统	8½ 英寸	52
双皇冠	7½ 英寸	46
丘吉尔	7 英寸	52
2 号	6⅛ 英寸	52
鱼雷	6 英寸	52
皇冠	6 英寸	44
罗布图	5 英寸	50
小皇冠	5 英寸	42

C 洪都拉斯
F 温和至适中
Q （纯正特定年份雪茄）质量上乘

罗布图：长 5 英寸，环径 50

丘吉尔：长 7 英寸，环径 52

丘吉尔：长 7 英寸，环径 52

550 系列：长 5 英寸，环径 50

哈瓦尼卡 (HABANICA)

这一品牌于 1995 年春由菲利普·格雷戈里奥推出，但未能像佩特鲁斯（Petrus）牌（书中也有收录）那样得到世界性赞誉。尽管如此，它也以其深棕色的油性茄衣与柔和并带微甜的风味而深受好评。这些雪茄所用的全部烟草都产自尼加拉瓜的贾拉帕谷地（Jalapa valley），它们带来了完美的温和至适中风味。

型 号

名称	长度（英寸）	环径
747 系列	7 英寸	47
646 系列	6 英寸	46
638 系列	6 英寸	38
546 系列	5¼ 英寸	46
550 系列	5 英寸	50

C 尼加拉瓜
F 温和至适中
Q 烟叶质量和
  结构俱佳

| 亨利·克莱 (HENRY CLAY) | 　　这是最著名的老哈瓦那雪茄品牌之一,可以追溯到19世纪,是以一个在古巴有商业股份的美国参议员的名字命名的。 |

20世纪30年代,其产品生产从哈瓦那转移至美国新泽西州的特伦顿。该品牌现在在多米尼加共和国生产,只有3种型号,都采用中度棕色茄衣,风味适中至浓郁。

型　号

名称	长度(英寸)	环径
布雷瓦·菲娜	6½英寸	48
布雷瓦·珍藏	5⅜英寸	46
布雷瓦	5½英寸	42

C 多米尼加
F 适中至浓郁
Q 烟叶质量和
　结构俱佳

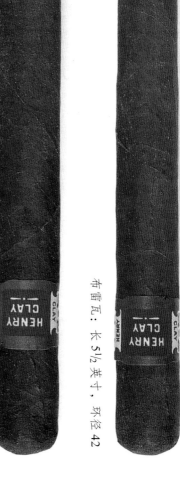

布雷瓦·菲娜：长 6½ 英寸，环径 48

布雷瓦·珍藏：长 5⅝ 英寸，环径 46

布雷瓦：长 5½ 英寸，环径 42

好友蒙特雷 (HOYO DE MONTERREY)

在圣胡安-马丁内斯（Juan y Martinez）的布埃尔塔·阿瓦霍村的广场上有一扇古老的铁门，上面刻着：“Hoyo de Monterrey: José Gener 1860”。过了铁门，便到了古巴最著名的烟草种植园维佳斯·菲娜斯（Vegas Finas），这里专门种植着用于制作茄套和茄芯的露天烟草。何塞·格纳（José Gener）在这块未开垦的土地（hoyo 指的是农民们非常喜爱的倾斜地，因为可以解决排水问题）上开始了他的烟农生涯，之后在 1865 年创立了好友蒙特雷品牌。

好友雪茄的王牌产品双皇冠已成为雪茄迷们的一种交换物，因为其价值超过了贵金属，而且一般仅作为亲密友谊的象征来交换。它有着丰富的口感、美妙的风味，这得归功于皇冠工厂（La Corona factory）调制茄芯和卷制雪茄的工人。其他的型号——其中一些是机制雪茄，感觉不像双皇冠那么出色。这有一定的道理，但“美食家”（Epicure）1 号和 2 号，尤其 50 支捆装的，却明显是例外。人们应该记得，季诺·大卫杜夫最初创造他的“庄园”系列时，就曾采用好友蒙特雷的“内阁精选”作为标准尺寸。大卫杜夫在瑞士的早期成功

古巴型号

名称	长度（英寸）	环径
双皇冠	7⅝ 英寸	49
好友·美食家	6⅝ 英寸	33
好友之神	6 英寸	42
好友·太子	6 英寸	38
美食家 1 号	5⅝ 英寸	46
贞德	5⅝ 英寸	35
好友·国王	5½ 英寸	42
皇冠	5½ 英寸	42
好友·王子	5 英寸	40
美食家 2 号	4⅞ 英寸	50
玛格丽特酒	4¾ 英寸	26
好友·代表	4¼ 英寸	38
好友·玛丽	3⅞ 英寸	30

更启发他于 1970 年创造出"乐·好友"（Le Hoyo）系列与好友雪茄相竞争，它有着较辣、有点过于浓郁的风味。

与洪都拉斯所产的同名雪茄相比，这一点显得微不足道。那些雪茄的制作技术不足，于是用十足的风味来弥补。它们就像雪茄中的"浓咖啡"，尤其是"罗斯柴尔德"和"州长"等型号较大的雪茄。它们是由十分喜爱这种口感的工人制作的。

切忌将标准的洪都拉斯好友雪茄与圣剑雪茄（本书也有收录）弄混。后者在美国出售时所用的名称为"Hoyo de Monterrey Excalibur"，但是因为商标的缘故，在欧洲出售时会去掉"Hoyo de Monterrey"字样。它们都是上等雪茄，但拥有不同的风味。

洪都拉斯型号

名称	长度（英寸）	环径
总统	8½ 英寸	52
苏丹	7¼ 英寸	54
古巴广板	7¼ 英寸	47
优雅广板	7¼ 英寸	34
权杖	7 英寸	43
双皇冠	6¾ 英寸	48
1 号	6½ 英寸	43
丘吉尔	6¼ 英寸	45
大使	6¼ 英寸	44
愉悦	6¼ 英寸	37
州长	6⅛ 英寸	50
蛇	6 英寸	35
皇冠	5⅝ 英寸	46
皇家咖啡馆	5⅝ 英寸	43
梦想	5¾ 英寸	46
娇小	5¾ 英寸	31
超级好友	5½ 英寸	44
55 号	5¼ 英寸	43
玛格丽特酒	5¼ 英寸	29
美味	5 英寸	40
罗斯柴尔德	4½ 英寸	50
小咖啡杯	4 英寸	39

双皇冠：长 7⅝ 英寸，环径 49

皇冠：长 5½ 英寸，环径 42

玛格丽特酒：长 4¾ 英寸，环径 26

州长：长 6¹/₈ 英寸，环径 50

罗斯柴尔德：长 4¹/₂ 英寸，环径 50

苏开：长 7¹/₄ 英寸，环径 54

J.R. 雪茄
(J. R. CIGARS)

卢·罗斯曼（Lew Rothman）可以说是一个杰出的人。他的美国 J.R. 烟草公司（J. R. Tobacco of America）（J.R. 代表他的父亲 Jack Rothman）是一个涵盖邮购、零售、批发的商业帝国，垄断了 40% 的美国高级雪茄销售市场。

罗斯曼是通过扮演罗宾汉建成这个帝国的，他将雪茄生产商视为诺丁汉郡长。他清楚雪茄的成本，决不会让他的顾客在应付的价钱之外多花一分。缺点就是，一些生产商喜欢投入更多的时间

J.R. 雪茄仓库内景。其种类是世界上最全的。

和金钱使雪茄变得完美，以罗斯曼无法接受的价格出售。他的销售额在雪茄热潮中迅速增长，所以这似乎影响不大。无论如何，没有人必须把货卖给他，而且有几家确实不卖了。

J.R. 终极

名称	长度（英寸）	环径
埃斯特洛	8½ 英寸	52
总统	8½ 英寸	52
10 号	8¼ 英寸	47
超级权杖	8¼ 英寸	43
1 号	7¼ 英寸	54
权杖	7 英寸	42
特级棕榈	6⅞ 英寸	38
苗条	6⅞ 英寸	36
双皇冠	6¾ 英寸	48
5 号	6⅛ 英寸	44
帕德龙	6 英寸	54
公牛	6 英寸	50
皇冠	5⅝ 英寸	45
小权杖	5½ 英寸	38
哈贝内拉	5 英寸	28
小皇冠	4⅝ 英寸	43
罗斯柴尔德	4½ 英寸	50

1 号：长 7¼ 英寸，环径 54

小皇冠：长 4⅝ 英寸，环径 43

皇冠：长 5⅝ 英寸，环径 45

Ⓒ 洪都拉斯
Ⓕ 适中至浓郁
Ⓠ 质量上乘

　　如果想以最佳的价格买到雪茄，你可以
到最近的 J.R. 商店去或查阅其产品名录，在
那里你可找到 J.R. 自己的品牌，如"终极"
（Ultimate）、"特冠"和"特级牙买加人"。

　　按照风味由淡到浓的次序，首先是特级
牙买加人，它们现在在多米尼加共和国生产，

754号：长7英寸，环径54

特 冠

名称	长度（英寸）	环径
金字塔	7 英寸	54
754 号	7 英寸	54
2 号	6½ 英寸	45
54 号	6 英寸	54
4 号	5½ 英寸	45

美国 J.R. 烟草公司的卢·罗斯曼
和他的妻子兼搭档拉文达（LaVonda）。

C 多米尼加
F 适中至浓郁
Q 质量上乘

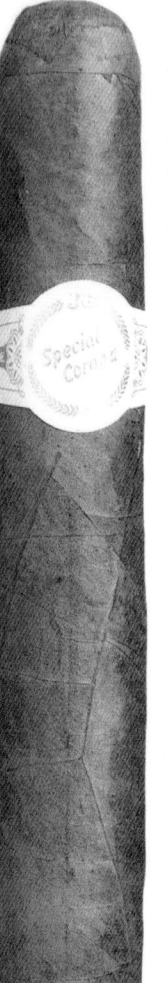

茄衣是克拉罗色康涅狄格烟叶，忠实于原初的牙买加雪茄，价格与其口感一样温和。特冠系列也在多米尼加共和国生产，是来自 4 个国家的烟叶的混合——厄瓜多尔的茄衣和茄套，巴西、洪都拉斯和多米尼加的茄芯。其风味较浓，但仍属于温和至适中。

"终极"系列是王牌产品，自本书第二版发行以来又推出 6 种新的型号。它们在洪都拉斯的圣佩德罗·苏拉（San Pedro Sula）生产，采用当地烟草做茄芯，油性的尼加拉瓜科罗拉多色烟叶做茄衣，以使其口感接近于哈瓦那雪茄。其风味丰富、浓郁，在洪都拉斯评价很高。

所有的 J.R. 雪茄都是手工精制的。它们是否适合你，取决于你有多介意别人看到你跟像罗宾汉的伙伴那么多的小伙子抽着同样的雪茄。

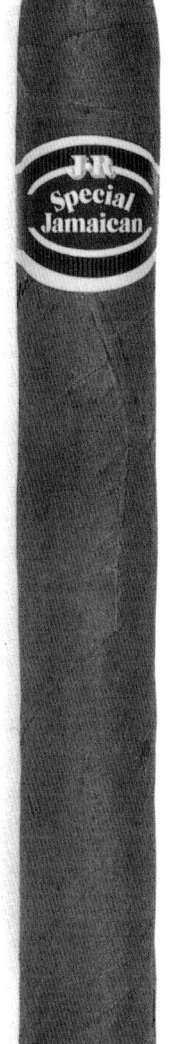

D: 长 6 英寸，环径 50

特级牙买加人

名称	长度（英寸）	环径
国王之王	9 英寸	60
梅菲尔	7 英寸	60
金字塔	7 英寸	52
高贵	7 英寸	50
丘吉尔	7 英寸	50
A	6½ 英寸	44
奇幻形状	6½ 英寸	43
漂亮礼物	6 英寸	50
D	6 英寸	50
B	6 英寸	44
C	5½ 英寸	44
派卡	5 英寸	32

C 多米尼加
F 温和
Q 质量上乘

何塞·贝尼托 (JOSE BENITO)

这些雪茄采用深色的喀麦隆茄衣，在多米尼加共和国生产。它们结构良好，一般而言风味清淡至适中。它们都装在漂亮的清漆雪松木盒中销售（只有市场上最大的雪茄之一梦龙是单盒装），共有10种型号。

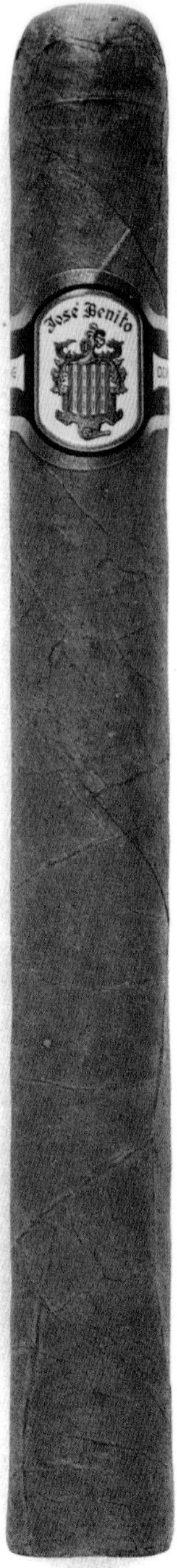

丘吉尔：长 7 英寸，环径 50

型　号

名称	长度（英寸）	环径
梦龙	8¾ 英寸	60
总统	7¾ 英寸	50
丘吉尔	7 英寸	50
皇冠	6¾ 英寸	43
宾丽	6¾ 英寸	38
棕榈	6 英寸	43
娇小	5½ 英寸	38
哈瓦尼托斯	5 英寸	25
罗斯柴尔德	4¾ 英寸	50
小家伙	4¼ 英寸	36

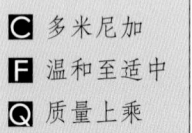

C 多米尼加
F 温和至适中
Q 质量上乘

尼加拉瓜珍宝
(JOYA DE NICARAGUA)

在 20 世纪 70 年代，许多人认为尼加拉瓜雪茄仅次于哈瓦那雪茄。但是战乱结束了这一切，种植园荒废，烟草仓库也被桑地诺的士兵用作临时营舍。

从 1990 年起，情况开始好转，但重塑品质需要时间。地方经济仍然面临着可怕的困难，不过随着时间的过去，尼加拉瓜珍宝雪茄的水平有了明显的进步。熟化烟草开始投入使用，90 年代初期雪茄中的那种汗味被除去了。更完善的中等浓郁并带着一点辛辣的风味得以恢复，雪茄的结构比原来更好，质量更可靠。

令人惊奇的是，在英国出售的雪茄型号比在美国出售的要多。

型　号

名称	长度（英寸）	环径
推销员	8½ 英寸	52
总统	8 英寸	54
丘吉尔	6⅞ 英寸	49
5 号	6⅞ 英寸	35
1 号	6⅝ 英寸	44
10 号	6½ 英寸	43
优雅	6½ 英寸	38
6 号	6 英寸	52
皇冠	5⅝ 英寸	48
公民	5½ 英寸	44
选择 B	5½ 英寸	42
小皇冠	5 英寸	42
领事	4½ 英寸	51
2 号	4½ 英寸	41
皮科利诺	4⅛ 英寸	30

小皇冠：长 5 英寸，环径 42

优雅：长 6½ 英寸，环径 38

丘吉尔：长 7 英寸，环径 50

C 尼加拉瓜
F 温和至适中
Q 烟叶质量和
　结构俱佳

胡安·克莱门特 (JUAN CLEMENTE)

这是 1982 年法国人让·克莱芒（Jean Clement）创立的多米尼加雪茄品牌，他将自己的名字西班牙化后为其命名。它采用美国康涅狄格阴植烟叶做茄衣，茄芯是多米尼加烟草混制而成，风味温和、简单，带着怡人的芳香，最适合早晨抽吸。它曾因抽吸问题受到批评，但似乎已在改进了。俱乐部精选（Club Selection）系列贴着白色茄标，茄衣颜色较深，茄芯混制良好。在过去两年多的时间里，此系列新增了 6 种型号，包括巨大的 13 英寸长的"卡冈都亚"（Gargantua）和俱乐部精选 5 号"方尖碑"。与众不同的是，其茄标位于雪茄根部，为保险起见，再贴上一张银纸以保护雪茄最脆弱的部分。这虽然不符合传统，但符合逻辑。

型　号

名称	长度（英寸）	环径
卡冈都亚	13 英寸	50
巨人	9 英寸	50
特级	7½ 英寸	38
俱乐部精选 3 号	7 英寸	44
丘吉尔	6⅞ 英寸	46
宾丽	6½ 英寸	34
俱乐部精选 5 号	6 英寸	52
俱乐部精选 1 号	6 英寸	50
大皇冠	6 英寸	42
特级 2 号	5⅞ 英寸	38
俱乐部精选 4 号	5¾ 英寸	42
皇冠	5 英寸	42
530 号	5 英寸	30
罗斯柴尔德	4⅞ 英寸	50
俱乐部精选 2 号	4½ 英寸	46
迷你雪茄	4¹/₁₆ 英寸	22
半皇冠	4 英寸	40
半杯	3⅝ 英寸	34

俱乐部精选 2 号：长 4½ 英寸，环径 46

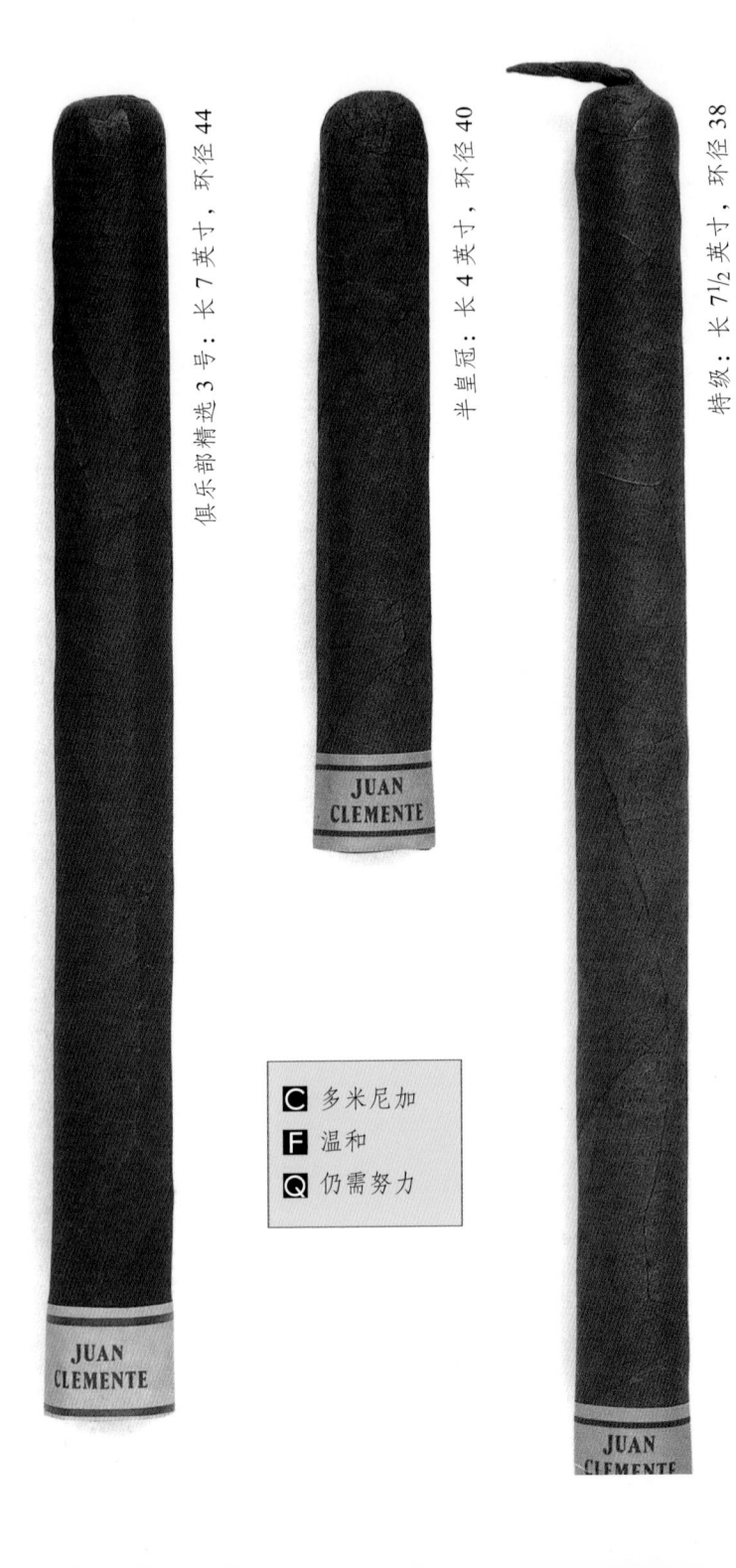

俱乐部精选 3 号：长 7 英寸，环径 44

半皇冠：长 4 英寸，环径 40

特级：长 7¹/₂ 英寸，环径 38

JUAN CLEMENTE

JUAN CLEMENTE

JUAN CLEMENTE

C 多米尼加
F 温和
Q 仍需努力

胡安·洛佩兹（胡安·洛佩兹之花）
[JUAN LOPEZ（FLOR DE JUAN LOPEZ）]

这是哈瓦那雪茄中的一个老品牌，产量和销售都没有以前那么大了，但它很清淡，符合一些欧洲人的口味。它只有5种型号，气味芬芳，燃烧很好，适合白天抽吸。现在只有西班牙有售，而且很快将减少到只剩皇冠和小皇冠两种型号。

型 号

名称	长度（英寸）	环径
皇冠	5⅝ 英寸	42
小皇冠	5 英寸	42
乐趣	5 英寸	34
斯里马兰	4¾ 英寸	32
帕特里夏	4½ 英寸	40

斯里马兰：长 4¾ 英寸，环径 32

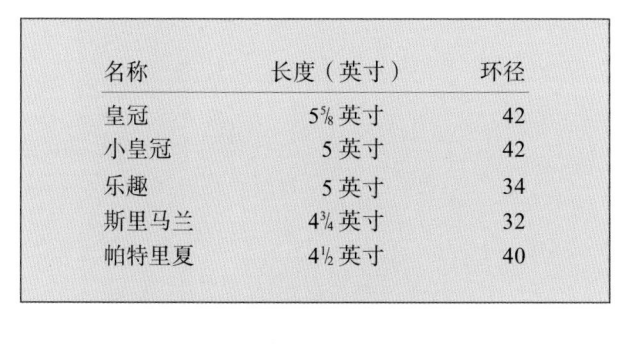

© 古巴
F 温和
Q 烟叶质量和
　 结构俱佳

皇冠
(LA CORONA)

　　曾是最棒的哈瓦那品牌之一，20世纪30年代，其生产转移至美国新泽西州的特伦顿。目前由联合雪茄公司在多米尼加生产，雪茄型号较少，制作精良，口感温和至适中。古巴也有一些同名雪茄，不过是机制的或手工完成的。位于哈瓦那的皇冠工厂是潘趣和好友蒙特雷等雪茄最重要的生产中心之一。

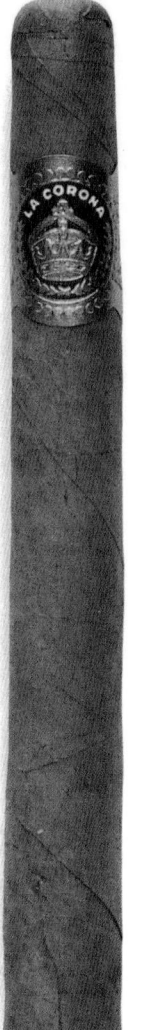

皇冠女孩：长 5½ 英寸，环径 42

型　号

名称	长度（英寸）	环径
导演	6½ 英寸	46
贵族	6⅛ 英寸	36
长皇冠	6 英寸	43
皇冠女孩	5½ 英寸	42

ⓒ 多米尼加
Ⓕ 温和至适中
Ⓠ 烟叶质量和
　　结构俱佳

卡诺之花
(LA FLOR DE CANO)

这是一个比较少见的古巴品牌，产量较小，不易买到。

传闻哈伯纳斯公司决定不再生产一些手工雪茄型号，例如备受吹捧的短丘吉尔（一种罗布图）。如果此传闻得到证实，一群英国雪茄迷将考虑发起运动以挽回生产。这些雪茄的品质是无可置疑的，喜欢抽好抽的雪茄的人会很动心。短丘吉尔、大皇冠型号的潘趣-潘趣和王冠（Diadema）都值得一试，后者尤其适合喜欢大卫杜夫的唐培里侬雪茄，而又不愿进一步尝试浓郁的高希霸辉煌雪茄的人。市面上有许多以"钟爱"（Preferidos）和"精选"（Selectos）命名的机制雪茄，购买时要小心。

王冠：长 7 英寸，环径 47

C	古巴	
F	温和	
Q	质量上乘	

型　号

名称	长度（英寸）	环径
王冠	7 英寸	47
皇冠	5 英寸	42
大皇冠	5⅝ 英寸	46
短丘吉尔	4⅞ 英寸	50

古巴荣耀
(LA GLORIA CUBANA)

该品牌由以浓郁雪茄为特色的帕塔加斯工厂生产，这是一个老品牌，一度销声匿迹，直到几十年前才恢复，扩展了工厂的既有雪茄类型。"金牌"（Medaille D'Or）型号雪茄采用清漆雪茄盒包装（8-9-8 形式），其他的则用贴有标签的盒子包装。

它们口感很辣，有些胡椒味，带着强烈的芬芳，不过有时结构不佳（如朗斯代尔型号）。它们比同厂生产的帕塔加斯品牌要淡一些（有人会说更精致），但仍属浓郁风味。这一系列型号较少，几乎都是长尺寸。

位于美国迈阿密的埃内斯托·卡里略（Ernesto Carillo）工厂也生产这一品牌的雪茄。埃内斯托为人诚实正直，他致力于用自己能寻找到的最佳烟草生产出最佳雪茄。其雪茄主要采用深色的厄瓜多尔烟叶做茄衣，茄芯和茄套则产自多米尼加、尼加拉瓜或厄瓜多尔。他依据自己心目中的古巴雪茄进行混制，生产出风味浓郁的雪茄。强烈推荐其韦维尔（Wavell）雪茄，如果你能买到的话。

古巴型号

名称	长度（英寸）	环径
金牌 1	7⁵⁄₁₆ 英寸	36
泰诺斯	7 英寸	47
金牌 3	6⅞ 英寸	28
金牌 2	6¹¹⁄₁₆ 英寸	43
权杖	6½ 英寸	42
可口	6⅛ 英寸	42
金牌 4	6 英寸	32
塔帕多斯	5⁵⁄₁₆ 英寸	42
分钟	4½ 英寸	40

C 古巴
F 适中至浓郁
Q 质量上乘

美国型号

名称	长度（英寸）	环径
君主	8 英寸	52
查理曼	7¼ 英寸	54
丘吉尔	7 英寸	50
鱼雷	6½ 英寸	52
韦维尔	5 英寸	50

金牌 3：长 6⅞ 英寸，环径 28

C 美国
F 适中至浓郁
Q 顶级产品

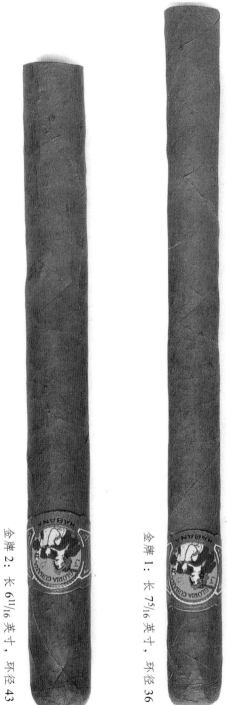

金牌 2: 长 6¹¹/₁₆ 英寸, 环径 43

金牌 1: 长 7⁵/₁₆ 英寸, 环径 36

金牌 4: 长 6 英寸, 环径 32

利森西亚托斯
(LICENCIADOS)

1990 年，利森西亚托斯的制造商选择了迪斯尼式四轮马车与书卷图案作为自己品牌的标志，这一图案原本是哈瓦那"外交官"雪茄所用的。这些雪茄的茄芯由多米尼加烟叶混制而成，主要系列的茄衣采用浅色康涅狄格阴植烟叶，较小的马杜罗系列，即大众所知的"至尊"（Supreme）雪茄则采用康涅狄格阔叶茄衣。罗布图型号的韦维尔雪茄则两种茄衣都有。这些康涅狄格 - 多米尼加雪茄口感经典、温和，制作精良，价格很有竞争力。

宾丽：长 7 英寸，环径 38

型　号

名称	长度（英寸）	环径
君主	8½ 英寸	52
总统	8 英寸	50
丘吉尔	7 英寸	50
宾丽	7 英寸	38
优秀	6¾ 英寸	43
公牛	6 英寸	50
毕业生 4 号	5¾ 英寸	43
韦维尔	5 英寸	50
特级系列		
500	8 英寸	50
300	6¾ 英寸	43
500	6 英寸	50
200	5¾ 英寸	43

C 多米尼加
F 温和
Q 质量上乘

马卡努多 (MACANUDO)

这一品牌于 1868 年在牙买加创立，现在在本杰明·梅内德斯（Benjamin Menendez）的管理下，由设在牙买加和多米尼加共和国的通用雪茄公司生产。混制配方两国相同：茄衣用康涅狄格阴植烟叶制作，茄套用产自墨西哥圣安德烈斯（San Andres）地区的烟叶制作，茄芯则由牙买加、墨西哥和多米尼加烟草混制而成。

这些雪茄拥有无可置疑的优美外观，制作一贯非常精良，是市面上最好的口感顺滑、温和的雪茄之一。"macanudo"一词在西班牙口语中是很好、极佳、好东西的意思，这里用作雪茄名的确名副其实。

该品牌雪茄型号很多，其中一些（大多是较大环径雪茄）有多种颜色茄衣可选：咖啡色（采用康涅狄格阴植茄衣），温润玉石色（even mild jade）（一种带绿色的双克拉罗色茄衣），以及饱满、甜美的马杜罗色（采用来自墨西哥的深褐色茄衣）。汉普顿宫（Hampton Court）和波托菲诺（Portofino）型号雪茄用优雅的白色铝管包装。克莱伯恩（Claybourne）和菲利普亲王（Prince Philip）型号在多米尼加生产，其他的（一般）在牙买加生产。马卡努多雪茄采用康涅狄格茄衣，所以售价不便宜。它们通常采用玻璃纸包装。如果要批评的话，它们有时香味有点不足，但是白天抽吸很好，也适合在简餐后享用。风味浓郁的马卡努多特定年份雪茄售价非常高，是专为行家制作的。它们在牙买加生产，用的都是多米尼加茄芯。

型　号

名称	长度（英寸）	环径
惠灵顿公爵	8½ 英寸	38
菲利普亲王	7½ 英寸	49
特定年份 I	7½ 英寸	49
元首	7 英寸	45
萨默塞特	7 英寸	34
波托菲诺	7 英寸	34
朗斯代尔伯爵	6¾ 英寸	38
特定年份 II	6⁹⁄₁₆ 英寸	43
罗斯柴尔德男爵	6½ 英寸	42
紫水晶	6¼ 英寸	42
克莱伯恩	6 英寸	31
汉普顿宫	5¾ 英寸	43
特定年份 III	5⁹⁄₁₆ 英寸	43
海德公园	5½ 英寸	49
德文公爵	5½ 英寸	42
克拉里奇勋爵	5½ 英寸	38
羽毛笔	5¼ 英寸	28
小皇冠	5 英寸	38
特定年份 IV	4½ 英寸	47
阿斯科特	4³⁄₁₆ 英寸	32
鱼子酱	4 英寸	36

特定年份 I：长 7¹/₂ 英寸，环径 49

德文公爵：长 5¹/₂ 英寸，环径 42

克莱伯恩：长 6 英寸，环径 31

海德公园：长 5½ 英寸，环径 49

波托菲诺：长 7 英寸，环径 34

菲利普亲王：长 7½ 英寸，环径 49

马塔坎
(MATACAN)

这是由联合雪茄公司生产的墨西哥小品牌，工厂位于圣安德烈斯谷地，同时生产特 - 阿莫（Te-Amo）牌雪茄。马塔坎采用浅棕色和马杜罗色茄衣。它们制作精良，卷制不及特 - 阿莫紧实（而它们的茄衣同样粗糙），抽吸顺畅，口感辣而微甜——虽然相当淡，风味属适中至浓郁。综合考量，马塔坎略优于特 - 阿莫，虽然售价较低。7 号值得一试。

型　号

名称	长度（英寸）	环径
8 号	8 英寸	52
1 号	7½ 英寸	50
10 号	6⅞ 英寸	54
3 号	6⅝ 英寸	46
4 号	6⅝ 英寸	42
6 号	6⅝ 英寸	35
2 号	6 英寸	50
5 号	6 英寸	42
9 号	5 英寸	32
7 号	4¾ 英寸	50

C 墨西哥
F 适中至浓郁
Q 烟叶质量和
　　结构俱佳

莫查至尊
(MOCHA SUPREME)

这是产自洪都拉斯的手工雪茄，用哈瓦那种子种出的烟叶做茄衣。雪茄结构良好，盒装，价格合理。一般来说风味适中至浓郁，但比许多洪都拉斯雪茄明显温和。抽吸起来会有少许木头味和坚果味。

快板：长 6½ 英寸，环径 36

型 号

名称	长度（英寸）	环径
伦勃朗	8½ 英寸	52
帕特隆	7½ 英寸	50
勋爵	6½ 英寸	42
快板	6½ 英寸	36
文艺复兴	6 英寸	50
元首	5½ 英寸	42
罗斯柴尔德男爵	4½ 英寸	52
娇小	4½ 英寸	42

罗斯柴尔德男爵：长 4½ 英寸，环径 52

帕特隆：长 7½ 英寸，环径 50

勋爵：长 6½ 英寸，环径 42

C 淡味
F 中等味道
M 浓烈味道
C 质量上乘
F 精于制造
M 特色

蒙特克里斯托
(MONTECRISTO)

蒙特克里斯托是迄今为止最受欢迎的哈瓦那雪茄。古巴每年出口的雪茄中，约有一半都贴着该品牌简单的棕白相间的茄标。

或许有些讽刺的是，在 1935 年品牌创立时，其型号仅限于 5 种，因为创始人阿隆索·梅内德斯（Alonzo Menendez）和佩佩·加西亚（Pepe Garcia）打算做限制营销。他们刚从英国的 J. 弗兰考公司那里买下乌普曼品牌，主要任务是扩大其产量。蒙特克里斯托最初叫"乌普曼蒙特克里斯托精选"，当时被委托给纽约的登喜路代售，是很好的检验梅内德斯的烟草技术和加西亚的生产知识的副线产品。

受英国代理商约翰·亨特（John Hunter）商行的启发，这一品牌的名字被简化为"蒙特克里斯托"。竞争对手弗兰考公司负责乌普曼雪茄的事宜，并希望蒙特克里斯托雪茄能独立出去。所以，亨特公司设计出醒目的红黄色雪茄盒，上面是交叉成三角形的几把剑的图案。

第二次世界大战中断了哈瓦那雪茄销往英国的渠道，因此该品牌主要通过登喜路商店集中在美国发展。电影导演阿尔弗雷德·希区柯克（Alfred Hitchcock）很早就成为它的狂热爱好者，甚至定期将其寄给受战时物资限制而抽不到雪茄的英国朋友。

二战之后，蒙特克里斯托增加了"铝管"型号，但此系列其他方面都维持原样。

卡斯特罗掌权后不久，梅内德斯和加西亚家族便搬迁到了加那利群岛。不过蒙特克里斯托在古巴仍有延续，生产者是留在故乡的一个传奇人物。他就是何塞·曼努埃尔·冈萨雷斯（Jose Manuel Gonzalez），人称"马辛吉拉"（Masinguila）。时至今日，他被认为是哈瓦那最好的雪茄制作者，也是卷制工人眼中最严格的监工之一。质量的一致性和独特的混合是该品牌雪茄的特色，这一点一般认为要

归功于"马辛吉拉"。

70 年代早期，该品牌又增加了蒙特克里斯托 A，并引入拉吉托（高希霸）1 号、2 号、3 号，作为特级、特级 2 号和宝石（Joyita）型号。巧合的是，这一品牌开始腾飞，它成为歌手汤姆·琼斯（Tom Jones）和英国电影巨头卢·格拉德（Lew Grade）（现在是爵士了）等演艺界人士的最爱。

正如有人说的，成功也会带来问题。例如，有大量雪茄要运送到西班牙，如何保证其品质就是一大难题；还有许多人认为，只有英国等较小的市场才能使雪茄保持高品质。然而，当（西班牙国营）烟草公司（Tabacalera）与古巴烟草公司发生商标纠纷，不再进口蒙特克里斯托雪茄时，这些问题也未能阻止西班牙国内发生一场近乎内乱的骚动。

商标问题看来已经解决，若说在法国问题依然存在，至少在西班牙境内已是如此。然而，这并不影响美国市场引进多米尼加生产的蒙特克里斯托雪茄。

蒙特克里斯托雪茄采用特有的科罗拉多克拉罗色油性茄衣制成，有一种微妙的芬芳，风味适中至浓郁，口感独特而刺激。2 号是金字塔型号中的王牌，但是许多迷恋者认为 1 号（塞万提斯型号）无可匹敌。

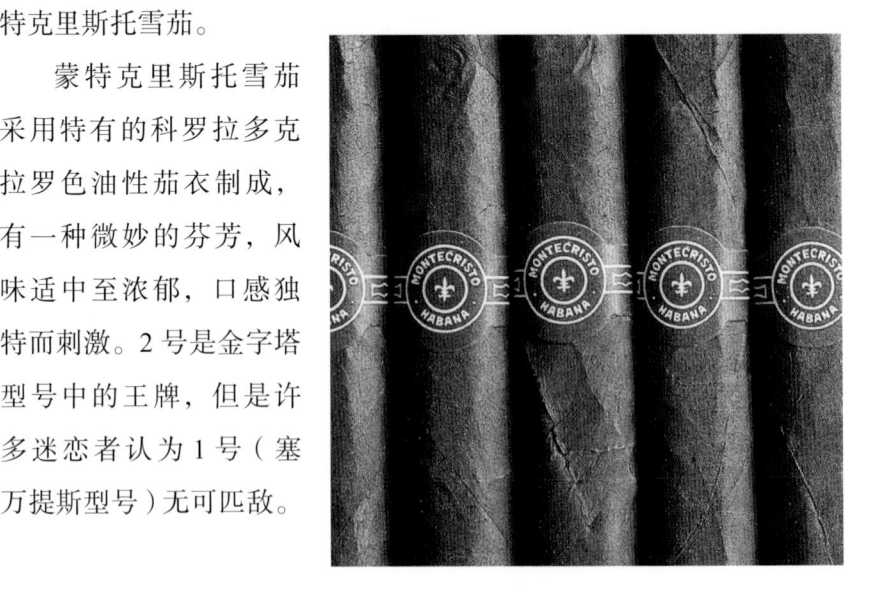

MONTECRISTO

型 号

名称	长度（英寸）	环径
A	9¼ 英寸	47
特级	7½ 英寸	38
1 号	6½ 英寸	42
2 号	6⅛ 英寸	52
铝管	6 英寸	42
特级 2 号	6 英寸	38
3 号	5½ 英寸	42
小铝管	5 英寸	42
4 号	5 英寸	42
宝石	4½ 英寸	26
5 号	4 英寸	40

特级 2 号：长 6 英寸，环径 38

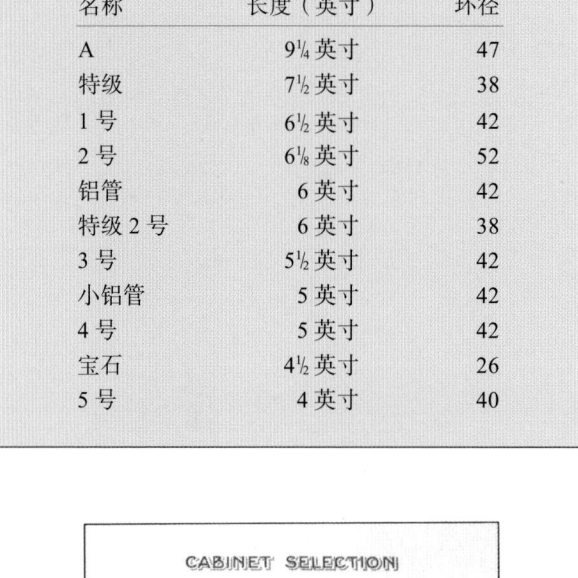

5 号：长 4 英寸，环径 40

铝管：长 6 英寸，环径 42

2 号：长 6¹/₈ 英寸，环径 52

蒙特克鲁兹 (MONTECRUZ)

蒙特克鲁兹是梅内德斯家族（原蒙特克里斯托品牌的所有者）离开古巴后在加那利群岛后开始新的雪茄生产时创立的品牌名称。当时该品牌雪茄采用喀麦隆茄衣、多米尼加和巴西茄芯制作。现在（20世纪70年代中期以后），这些与蒙特克里斯托品牌有着非常相似的标志的雪茄采用中褐色到深褐色的喀麦隆茄衣，由联合雪茄公司在多米尼加共和国的拉·罗马纳（La Romana）生产。它们制作精良，风味适中至浓郁（有着独特的口感和芳香），有多种型号可以选择。这些雪茄据说是"阳光培育"（sun grown）。"天然木盒"（boîte nature）系列风味较浓郁，熟化时间也较长。蒙特克鲁兹也为登喜路生产较温和的系列雪茄（贴以不同标签，采用颜色较浅的康涅狄格茄衣）。登喜路雪茄的型号有许多与蒙特克鲁兹相同。

型　号

名称	长度（英寸）	环径
独立	8 英寸	46
200 号	7¼ 英寸	46
205 号	7 英寸	42
255 号	7 英寸	36
280 号	7 英寸	28
伟人	6½ 英寸	50
210 号	6½ 英寸	42
250 号	6½ 英寸	38
201 号	6¼ 英寸	46
管状	6⅛ 英寸	36
铝管	6 英寸	42
276 号	6 英寸	42
281 号	6 英寸	28
资深	5¾ 英寸	35
220 号	5½ 英寸	42
265 号	5½ 英寸	38
少年	5¼ 英寸	33
雪松 - 陈年	5 英寸	42
230 号	5 英寸	42
282 号	5 英寸	28
270 号	4¾ 英寸	36
罗布图	4½ 英寸	49
小家伙	4 英寸	28

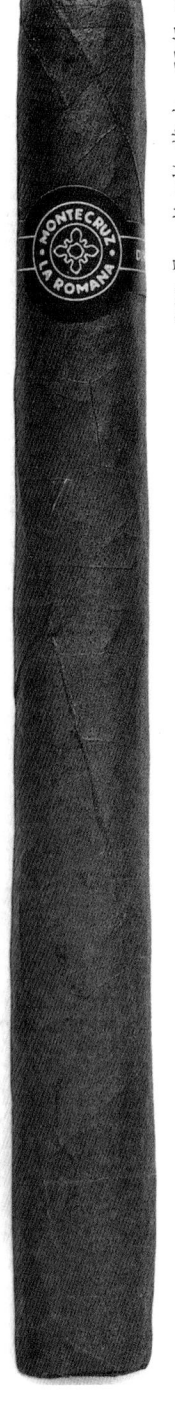

200 号：长 7¼ 英寸，环径 46

210 号：长 6½ 英寸，环径 42

220 号：长 5½ 英寸，环径 42

C 多米尼加
F 适中至浓郁
Q 顶级产品

伟人：长 6¹/₂ 英寸，环径 50

管装茎青路 "阳光培育"

255 号：长 7 英寸，环径 36

蒙特西诺 (MONTESINO)

这一风味适中的雪茄产自多米尼加共和国，由阿图罗·富恩特（Arturo Fuente）工厂制造，采用哈瓦那富恩特种子种出的烟叶做茄衣，颜色为中褐色到深色。这些雪茄制作精良，物有所值。

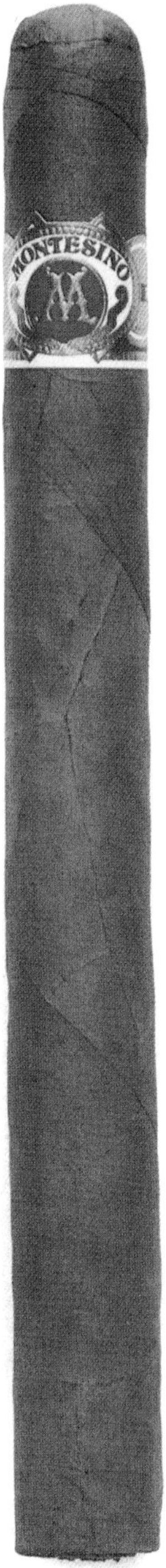

1 号：长 6⅞ 英寸，环径 43

型　号

名称	长度（英寸）	环径
拿破仑大帝	7 英寸	46
1 号	6⅞ 英寸	43
大皇冠	6¾ 英寸	48
福马	6¾ 英寸	44
3 号	6¾ 英寸	36
2 号	6¼ 英寸	44
外交	5½ 英寸	42

C 多米尼加
F 温和至适中
Q 烟叶质量和结构俱佳

纳特·谢尔曼 (NAT SHERMAN)

位于纽约第五大道 500 号的纳特·谢尔曼商店是一座抛光的红木建筑，是购买烟草、雪茄、吸烟者必需品的圣殿。其远远超过商店范围的生意始于 20 世纪 30、40 年代的纽约全盛时期，最初销售时尚香烟，与哈瓦那关系密切。

乔尔·谢尔曼（Joel Sherman）——现在的管理者——预料到 1990 年和 1991 年雪茄业会再度繁荣，于是引入四个雪茄系列，每一个的混制方法都不同，均在多米尼加共和国生产。在此之后，又有一个雪茄系列被引入。

"转接"（Exchange）系列，以 20 世纪 40 年代纽约电话转接服务而命名，包括势不可挡的巴特菲尔德 8（Butterfield 8）（朗斯代尔型号）。这些雪茄所用的烟叶来自四个国家，包括最浅色的康涅狄格茄衣。其风味是温和的。

纽约纳特·谢尔曼商店漂亮的门面。

　　"地标"（Landmark）系列 [如都市
（Metropole）、阿尔贡金（Algonquin）等] 用
的是喀麦隆茄衣，加上精心混合的另外四国烟叶，
其风味更浓郁，有着带巧克力味的顶级口感。

　　"本地新闻"（City Desk）系列包含四种巨
大的、味道甜美的墨西哥马杜罗型号，为的是纪
念纽约昔日报界大口大口抽雪茄的编辑们。温和
至适中的风味与其外观不相称。

　　另一方面，"哥谭"（Gotham）系列采用
柔和的康涅狄格茄衣，却有一种出人意料的辛辣
而平衡的口感。最新的"大都会"（Metropolitan）
系列是以纽约一些著名的绅士俱乐部的名字命名
的，共有五种型号，有着独一无二的丰富而协调
的风味。

　　该品牌茄标上有一个时钟，每一系列都采
用不同的底色相区分。灰色茄标的"哥谭"系
列值得一试。

切尔西：长 6½ 英寸，环径 38

C　多米尼加
F　各系列不同
Q　质量上乘

型　号

名称	长度（英寸）	环径
	"哥谭"系列	
500	7 英寸	50
1400	6¼ 英寸	44
711	6 英寸	50
65	6 英寸	36
	"本地新闻"系列	
论坛报	7½ 英寸	50
快讯报	6½ 英寸	46
电讯报	6 英寸	50
公报	6 英寸	42
	"地标"系列	
达科他	7½ 英寸	50
阿尔贡金	6¾ 英寸	43
都市	6 英寸	34
罕布什尔	5½ 英寸	42
范德比尔特	5 英寸	47
	"转接"系列	
牛津 5	7 英寸	49
巴特菲尔德 8	6½ 英寸	42
特拉法尔加 4	6 英寸	47
默里 7	6 英寸	38
学院	5 英寸	31
	"曼哈顿"系列	
格拉梅西	6¾ 英寸	43
切尔西	6½ 英寸	38
翠贝卡	6 英寸	31
萨顿	5½ 英寸	49
比克曼	5¼ 英寸	28

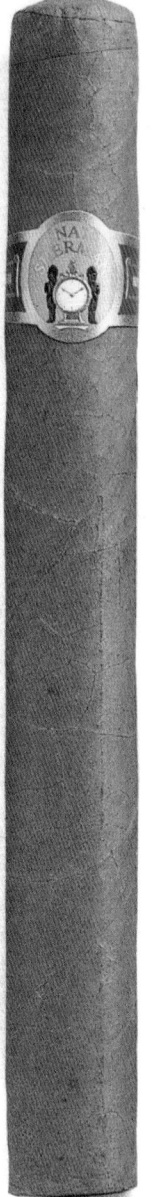

"哥谭"500：长 7 英寸，环径 50

"转接"默里 7：长 6 英寸，环径 38

"地标"苑德比尔特：长 5 英寸，环径 47

"本地新闻"电讯报：长 6 英寸，环径 50

奥斯卡（OSCAR）

这种雪茄产自多米尼加，是以公司创立者的名字命名的，茄芯结实，克拉罗色的康涅狄格茄衣显得优雅。茄芯和茄套采用当地种植的烟草混合制成，形成了温和至适中的风味。上市已将近十年，因多米尼加雪茄品质总体提高，故销售量也在上升。此系列可满足大多数需求，除了一些巨大型号，还有几种令人满意的较小型号。

#500：长 5½ 英寸，环径 50

型　号

名称	长度（英寸）	环径
唐奥斯卡	9 英寸	46
至尊	8 英寸	48
#700	7 英寸	54
#200	7 英寸	44
#100	7 英寸	38
#300	6¼ 英寸	44
#400	6 英寸	38
#500	5½ 英寸	50
王子	5 英寸	30
#600	4½ 英寸	50
800 号	4 英寸	42
奥斯卡里托	4 英寸	20

C 多米尼加
F 温和至适中
Q 烟叶质量和
　　结构俱佳

帕德龙 (PADRON)

帕德龙雪茄是 1964 年何塞·帕德龙（Jose O. Padron）在美国佛罗里达州的迈阿密创立的品牌，一直生产茄芯较长的高价雪茄。他在中美洲拥有两家公司，一家是位于尼加拉瓜的古巴烟草股份公司（Tabacos Cubanica S.A.），另一家是位于洪都拉斯的中美洲烟草股份公司（Tabacos Centro-americanos S.A.）。帕德龙雪茄是少数几个能控制整个雪茄生产流程的公司之一。

3000：长 5½ 英寸，环径 52

型　号

名称	长度（英寸）	环径
梦龙	9 英寸	50
特级珍藏	8 英寸	41
主管	7½ 英寸	50
丘吉尔	6⅞ 英寸	46
大使	6⅞ 英寸	42
宾丽	6⅞ 英寸	36
棕榈	6⁵⁄₁₆ 英寸	42
3000	5½ 英寸	52
朗斯代尔	5½ 英寸	42
小家伙	5½ 英寸	36
2000	5 英寸	50
德里西亚斯	4⅞ 英寸	46

C 尼加拉瓜／洪都拉斯

F 温和至适中

Q 烟叶质量和结构俱佳

该品牌重视质量超过数量，这反映在其生产的两个雪茄系列上。帕德龙雪茄——目前有 12 种型号，都是原色和马杜罗色茄衣——制作非常精良，风味温和至适中。帕德龙 1964 纪念日（1964 Anniversary）系列型号较少，并且限量生产。所有烟草均产自尼加拉瓜，至少经过 4 年的陈化，并采用原色茄衣。这种雪茄风味适中，非常顺滑，带有土味。

独家：长 5½ 英寸，环径 50

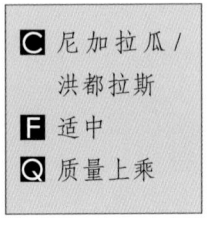

C 尼加拉瓜 / 洪都拉斯
F 适中
Q 质量上乘

1964 纪念日系列型号

名称	长度（英寸）	环径
外交	7 英寸	50
金字塔	6⅞ 英寸	42/52
君主	6½ 英寸	46
卓越	6½ 英寸	42
皇冠	6 英寸	42
独家	5½ 英寸	50

帕塔加斯
(PARTAGAS)

帕塔加斯是最古老的哈瓦那品牌之一，1845 年由唐杰米·帕塔加斯（Don Jaime Patragas）创立。其旧工厂仍然存在，位于哈瓦那市中心靠近国会大厦（外形酷似美国国会大厦）的地方。这一名号至今仍然众所周知，不仅仅因为其产量很大：有不下 40 种型号——其中很多是机制雪茄，用玻璃纸包装。还有一个原因是，这个品牌拥有多米尼加版，由来自著名的古巴雪茄家族的本杰明·梅内德斯和拉蒙·西富恩特斯监管，采用哈瓦那种子种出的喀麦隆烟叶做茄衣。它们是通用雪茄公司生产的。二者的区别是，古巴版的标签底部印着"Habana"字样，而多米尼加版印着"1845"。

在两次世界大战之间该品牌尤为著名，还很荣幸地被雪茄爱好者伊夫林·沃（Evelyn Waugh）在小说《旧地重游》（*Brideshead Revisited*）中提到过。

型　号

名称	长度（英寸）	环径
卢西塔尼亚	7⅝ 英寸	49
豪华丘吉尔	7 英寸	47
大棕榈	7 英寸	33
帕塔加斯之帕塔加斯 1 号	6¾ 英寸	43
私选 1 号	6¾ 英寸	43
8-9-8	6¾ 英寸	43
朗斯代尔	6½ 英寸	42
大皇冠	6 英寸	42
蛇（扭曲）	5¹¹⁄₁₆ 英寸	39
皇冠	5½ 英寸	42
夏洛特	5½ 英寸	35
小皇冠	5 英寸	42
D 系列 4 号	4⅞ 英寸	50
微皇冠	4½ 英寸	40
肖茨	4⁵⁄₁₆ 英寸	42

古巴帕塔加斯雪茄的品质参差不齐。像卢西塔尼亚（Lusitania）等较大型号的雪茄，尤其是"50年代内阁"（Cabinet 50s）系列（美国广播公司的皮埃尔·塞林格是其坚实拥趸）中的，的确非常好；但是就一些小型号而言，相较于手工完成或手工制作的雪茄，机制雪茄会有抽吸问题。一般而言，该品牌有着丰富的、带泥土味的浓郁风味，在较大环径雪茄如D系列4号（Series D No.4）（罗布图）上表现得尤为明显。有两种型号采用8-9-8包装，一种是大皇冠（长6英寸、环径42），另一种是达利亚（Dalia）（长 $6^5/_8$ 英寸、环径43）。达利亚被工厂负责人埃内斯托·洛佩兹（Ernesto Lopez）视为王牌型号。它们全都比较醇和，但保持着浓郁的风味。在一些市场上能买到鉴赏家（Connoisseur）系列，它包括3种雪茄，其中的1号与高希霸长矛雪茄规格相同，只是没有小辫子。总的来说，帕塔加斯很适合在大餐后享用。

手工多米尼加帕塔加斯雪茄尽管结构非常精良，但茄衣品质不够稳定，尤其是较大型号雪茄。其中的顶级雪茄品质非常好，价格也相对昂贵。它们通常采用科罗拉多色茄衣，但有时也会采用马杜罗色茄

衣——例如长 $6^1/_4$ 英寸、环径47的雪茄。茄芯是由牙买加、多米尼加和墨西哥烟草混合而成的。多米尼加帕塔加斯雪茄有14种型号，大部分编以号码，抽吸时很顺滑，风味适中至浓郁，略带甜味。其中一些型号列举如下。

埃内斯托·洛佩兹，位于哈瓦那市中心的帕塔加斯工厂负责人。

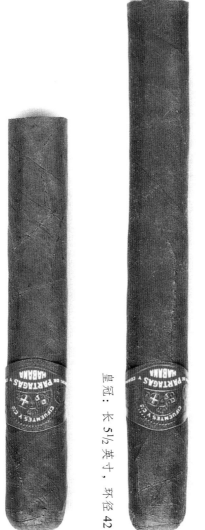

D 系列 4 号：长 4⁷/₈英寸，环径 50

皇冠：长 5¹/₂英寸，环径 42

肖茨：长 4⁵/₁₆英寸，环径 42

多米尼加型号

名称	长度（英寸）	环径
10 号	7½ 英寸	49
铝管	7 英寸	34
8-9-8	6⅞ 英寸	44
皇家限量珍藏	6¾ 英寸	43
1 号	6¾ 英寸	43
湿管	6¾ 英寸	43
盛宴限量珍藏	6¼ 英寸	47
马杜罗	6¼ 英寸	48
海军上将	6¼ 英寸	47
6 号	6 英寸	34
美味	5⅞ 英寸	44
2 号	5¾ 英寸	43
自然	5½ 英寸	50
3 号	5¼ 英寸	43
5 号	5¼ 英寸	28
4 号	5 英寸	38
纯洁	4⅞ 英寸	32

C 多米尼加
F 温和至适中
Q 质量上乘

皇家限量珍藏：长 6¾ 英寸，环径 43

保罗·加米利安
(PAUL GARMIRIAN)

在市场上的非哈瓦那品牌中，保罗·加米利安的 P.G. 雪茄可以列入最优等级。加米利安本人拥有国际政治学博士头衔，是一名房地产经纪人，其总部设在华盛顿郊区。他也是一个很棒的手工雪茄鉴赏家，著有《雪茄品鉴指南》。1991 年，他决定将过去 30 年对好雪茄的热爱转化为现实，因而创立了自己的品牌。

他的雪茄限量生产，用的是稍具油性、红棕到中棕的科罗拉多色茄衣，在多米尼加共和国制造。它们制作非常精良，有着微妙但引人注意的芳香，燃烧状况良好、缓慢，风味适中。这些雪茄具有丰富的香味，口感甜而令人愉悦（越抽风味越丰富），非常醇厚，非常谐调。这是顶级雪茄，跟许多哈瓦那雪茄一样优秀，甚至比不少哈瓦那雪茄还好。其中的朗斯代尔雪茄会给你相当不错的印象。本书第一版发行以来该品牌又增加了 7 种型号，最新增加的是"特级"。

皇冠：长 5¹/₂ 英寸，环径 42

C 多米尼加
F 适中至浓郁
Q 质量上乘

多米尼加型号

名称	长度（英寸）	环径
庆典	9 英寸	50
双皇冠	7⅝ 英寸	50
1 号	7½ 英寸	38
丘吉尔	7 英寸	48
标力高	6½ 英寸	52
大皇冠	6½ 英寸	46
朗斯代尔	6½ 英寸	42
鉴赏家	6 英寸	50
特级	5¾ 英寸	38
标力高·菲诺	5½ 英寸	52
美食家	5½ 英寸	50
皇冠	5½ 英寸	42
罗布图	5 英寸	50
小皇冠	5 英寸	43
2 号	4¾ 英寸	48
小花束	4½ 英寸	38
5 号	4 英寸	40
巧克力	3½ 英寸	43

丘吉尔：长 7 英寸，环径 48

庆典：长9英寸，环径50

标力高：长6½英寸，环径52

2号：长4¾英寸，环径48

罗斯柴尔德：长 4³/₄ 英寸，环径 50

佩特鲁斯 (PETRUS)

自 1990 年首次亮相以来，这一品牌已经赢得国际声誉，受到许多人的赞扬，包括阿诺·施瓦辛格（Arnold Schwarzenegger）。雪茄生产在洪都拉斯的科潘之花（La Flor de Copan）工厂进行，采用洪都拉斯茄芯和茄套，以及厄瓜多尔种植的康涅狄格品种茄衣。这些雪茄口感温和，带有坚果风味和干涩的余味。目前有 13 种型号，价格非常合理，适合购买。1997 年又要推出一种限量版的"红标"（Etiquette Rouge）型号，采用多米尼加、洪都拉斯和尼加拉瓜烟草混制而成。

型　号

名称	长度（英寸）	环径
拜伦勋爵	8 英寸	38
双皇冠	7³/₄ 英寸	50
丘吉尔	7 英寸	50
2 号	6¼ 英寸	44
3 号	6 英寸	50
棕榈·菲娜	6 英寸	38
4 号	5⅝ 英寸	38
壮丽皇冠	5½ 英寸	46
安东尼斯	5 英寸	鱼雷
格雷戈里乌斯	5 英寸	42
罗斯柴尔德	4³/₄ 英寸	50
尚塔科	4³/₄ 英寸	35
公爵夫人	4½ 英寸	30

C 洪都拉斯
F 温和
Q 烟叶质量和
　结构俱佳

普莱亚迪斯 (PLEIADES)

该品牌用康涅狄格阴植烟叶做茄衣，是多米尼加雪茄中非常漂亮的一个系列。它们风味温和，制作精良，抽吸顺畅，具有美妙的芳香，是很吸引人的雪茄。该品牌源自法国，移至加勒比海地区生产之后，制成的雪茄用船运到斯特拉斯堡（Strasbourg），在那里装入带有保湿器的箱子，再向欧洲或越洋运抵美国销售。

天王星：长 6⅞ 英寸，环径 34

型 号

名称	长度（英寸）	环径
毕宿五	8½ 英寸	50
土星	8 英寸	46
海王星	7½ 英寸	42
天狼星	6⅞ 英寸	46
天王星	6⅞ 英寸	34
猎户座	5¾ 英寸	42
心宿二	5½ 英寸	40
金星	5⅛ 英寸	28
冥王星	5 英寸	50
英仙座	5 英寸	34
火星	5 英寸	28

C 多米尼加
F 温和
Q 烟叶质量和
结构俱佳

PLEIADES ❀ PLEIADES ❀ PLEIADES

毕宿五：长 8$\frac{1}{2}$ 英寸，环径 50

天狼星：长 6$\frac{7}{8}$ 英寸，环径 46

猎户座：长 5$\frac{3}{4}$ 英寸，环径 42

波尔·拉腊尼亚加 (POR LARRANAGA)

这是一个始于 1834 年的老品牌（仍在生产的历史最悠久的品牌），但已不在最著名的品牌行列之中。这种雪茄产量有限，销售面也不广，然而非常浓郁，许多喜好传统哈瓦那风味的行家仍在搜寻它们。雪茄种类相当有限，只有大约 6 种机制型号（它也是最早引进机器进行生产的品牌），有些与手工雪茄相同（指型号，而非品质）。1890 年，拉德亚德·吉卜林（Rudyard Kipling）在他的小诗中声称："拉腊尼亚加带给我平静。"在那首诗中还有这样臭名远扬的句子："女人只不过是女人，但一支好雪茄却是一次吐雾吞云。"

这些雪茄采用暗红色的油性茄衣，对于喜爱适中至浓郁风味雪茄的人来说是不错的选择。它们贴有金色标签，外观非常有特色。它们具有丰富、芬芳、浓郁（相当甜）的风味，但香味不如其他一些品牌相同类型的雪茄（如帕塔加斯）明显。朗斯代尔和皇冠型号与其大多数竞争对手一样优秀，皇冠是很好的晚餐后雪茄。

多米尼加也生产很好的同牌雪茄。它们制作极其精良，茄衣是康涅狄格阴植烟叶，茄芯由多米尼加和巴西烟叶混制而成，茄套产自多米尼加。其风味浓郁，尤其是基本可以归为丘吉尔型号的"惊人"（Fabuloso）（长 7 英寸，环径 50）雪茄。

型　号

名称	长度（英寸）	环径
朗斯代尔	6½ 英寸	42
皇冠	5½ 英寸	42
小皇冠	5 英寸	42
小号皇冠	4½ 英寸	40

惊人：长 7 英寸，环径 50

罗布图：长 5 英寸，环径 50

皇冠：长 5½ 英寸，环径 42

ⓒ 多米尼加
Ⓕ 温和至适中
Ⓠ 质量上乘

ⓒ 古巴
Ⓕ 适中至浓郁
Ⓠ 质量上乘

普里莫·德尔·雷伊 (PRIMO DEL REY)

该品牌由联合雪茄公司在多米尼加生产。主要产品线包括型号 1—5，有着与蒙特克里斯托类似的棕白相间的简单茄标，茄衣颜色分为 3 种：坎德拉（双克拉罗色）、克拉罗色（原色）和科罗拉多色（中棕色）。"酒吧"（Club）系列只有 4 种型号，标签上有一个红、金、白三色绘成的盾形纹章。这些雪茄制作都非常精良。

型　号

名称	长度（英寸）	环径
男爵	8½ 英寸	52
鹰	8 英寸	52
主权	7½ 英寸	50
富豪	7 英寸	50
贵族	6¾ 英寸	48
总统	6¹³⁄₁₆ 英寸	44
精选 1 号	6¹³⁄₁₆ 英寸	42
精选 3 号	6¹³⁄₁₆ 英寸	36
沙文	6½ 英寸	41
丘吉尔	6¼ 英寸	48
高贵	6¼ 英寸	44
精选 2 号	6¼ 英寸	42
猎人	6¹⁄₁₆ 英寸	42
真实	6⅛ 英寸	36
海军上将	6 英寸	50
特级宾丽	5¹⁵⁄₁₆ 英寸	34
精选 4 号	5½ 英寸	42
宾丽	5⅜ 英寸	34
100 号	4½ 英寸	50
短小	4 英寸	28

富豪：长 7 英寸，环径 50

主权：长 7$\frac{1}{2}$ 英寸，环径 50

100 号：长 4$\frac{1}{2}$ 寸，环径 50

海军上将：长 6 英寸，环径 50

C 多米尼加
F 温和至适中
Q 质量上乘

潘趣 (PUNCH)

一个非常著名、销路很广的哈瓦那雪茄品牌（一度在英国非常流行），比很多品牌售价要低，因此新手和偶尔抽雪茄的人也对它很熟悉。这样一来，虚荣的雪茄客会刻意避开它，虽然大多数情况下也没有什么充分的理由。该品牌型号非常多，大部分产自皇冠工厂，其中很多同时有机制版——但像"精致"（Exquisitus）和"正宗棕榈"（Palmas Reales）等型号，则只用机器生产。

它是仍在生产的历史第二悠久的雪茄品牌，1840年由曼努埃尔·洛佩兹（Manuel Lopez）创立，当时的目标市场是英国，那里有一个轻松的同名杂志（类似《纽约客》）非常流行。现在，每个雪茄盒上还都有一个手持雪茄、心满意足的潘趣先生。

也有一个洪都拉斯潘趣，包括3个系列：标准、多彩（Delux）和特级酒庄。这些雪茄制作格外精良，尤其是后两个系列。标准系列具有直截了当的洪都拉斯式浓郁风味，但另外两者口感少有地柔和，即使采用马杜罗色茄衣也是如此，这意味着它们经过实质性的陈化。

古巴型号

名称	长度（英寸）	环径
双皇冠	7⅝ 英寸	49
丘吉尔	7 英寸	47
大宾丽	7 英寸	33
潘趣·潘趣	5⅝ 英寸	46
皇冠	5½ 英寸	42
皇家加冕礼	5½ 英寸	42
小皇冠	5 英寸	42
加冕礼	5 英寸	42
玛格丽特酒	4¾ 英寸	26
小加冕礼	4½ 英寸	40
小冠冕	4½ 英寸	34
潘趣尼罗	4½ 英寸	34
微冠	4¼ 英寸	42
小潘趣	4 英寸	40

这些雪茄体现出了熟练的技术和专业的知识，其背后是维拉松工厂的弗兰克·拉内萨（Frank Llaneza）的影子，他是优良品质的标志。

哈瓦那潘趣的型号非常多，不可能每种都是最高品质，但像双皇冠这种较大型号，气味芬芳，又有着独特的辛辣香，风味浓郁但适度，略带甜味，结构良好，是值得信赖的雪茄。令人头疼的是，相同型号的雪茄在不同的国家有时会使用不同的名字。例如著名的潘趣·潘趣（胖皇冠），又被叫作皇家精选 11 号（Royal Selection No.11）或奢华之选 1 号（Selection de Luxe No.1），潘趣小皇冠有时也被叫作奢华之选 2 号或 "总统"（Presidente）。最好找个值得信赖的烟草商，帮你从中选出口感温和至适中的一流雪茄。

无论是古巴版还是洪都拉斯版都有管装雪茄，例如皇家加冕礼等型号。

洪都拉斯型号

名称	长度（英寸）	环径
总统	8½ 英寸	42
拉菲特城堡	7¼ 英寸	52
大王冠	7⅛ 英寸	52
王冠	7⅛ 英寸	52
优雅	7⅛ 英寸	36
卡萨格兰德	7 英寸	46
君主	6¾ 英寸	48
双皇冠	6⅝ 英寸	48
城堡皇冠	6½ 英寸	44
1 号	6½ 英寸	42
布里斯托尔	6¼ 英寸	50
多彩不列颠尼亚	6¼ 英寸	50
潘趣	6⅛ 英寸	43
超级多彩	5⅝ 英寸	46
玛歌城堡	5½ 英寸	46
75 号	5½ 英寸	43
卓越	5 英寸	50
罗斯柴尔德	4½ 英寸	48

C 洪都拉斯
F 温和至适中
Q 质量上乘

双皇冠：长 7⅝ 英寸，环径 49

小皇冠：长 5 英寸，环径 42

总统：长 8½ 英寸，环径 42

C 古巴

F 温和至适中

Q 质量上乘

君主：长 6¾ 英寸，环径 48

多彩不列颠尼亚：长 6¼ 英寸，环径 50

超级多彩：长 5⅝ 英寸，环径 46

昆特罗 (QUINTERO)

一个古巴品牌，值得注意的是它创立于南部沿海城市西恩富戈斯（Cienfuegos），不是哈瓦那雪茄。20 世纪 20 年代中期，奥古斯丁·昆特罗（Agustin Quintero）和他的四个在附近的雷梅迪奥斯烟草组织（Remedios tobacco regime）工作的兄弟成立了一个小型烟草作坊（chinchal），所用的烟草产自布埃尔塔·阿瓦霍地区。到 1940 年，积累的声誉使他们可以在哈瓦那开展业务，推广用他们的姓氏命名的品牌。现在，他们的一些雪茄型号既有手工的也有机制的，购买时要选准雪茄盒上有"完全手工"（Totalamente a mano）字样的。其丘吉尔雪茄是朗斯代尔（塞万提斯）型号，不过如果你喜欢清淡口感，它也是不错的雪茄。总体而言，该品牌是温和风味。

宾丽：长 5 英寸，环径 37

型　号

名称	长度（英寸）	环径
丘吉尔	6½ 英寸	42
皇冠	5½ 英寸	42
国家	5½ 英寸	40
宾丽	5 英寸	37
管状	5 英寸	37
特级伦敦	5 英寸	40
纯洁	4¼ 英寸	29

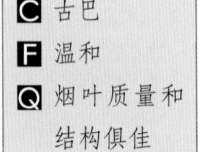

C 古巴
F 温和
Q 烟叶质量和
　结构俱佳

拉斐尔·冈萨雷斯
(RAFAEL GONZALEZ)

这一品牌久负盛名，在中等价位哈瓦那雪茄中属于最好的，被很多重度嗜烟者欣赏。它的雪茄盒——最初是为英国市场设计的——印着这样非同寻常的说明："这些雪茄采用纯布埃尔塔·阿瓦霍烟草，由西班牙贵族马尔克斯·拉斐尔·冈萨雷斯挑选，根据秘方混制而成。品牌已有20余年的历史。想要充分领略此雪茄的完美风味，请鉴赏家们在它们从哈瓦那装船起一个月内抽吸，或者等熟化1年左右之后再抽吸。"以前，雪茄盒盖内侧贴着著名雪茄客朗斯代尔伯爵的肖像。该品牌雪茄是在罗密欧与朱丽叶工厂生产的。

这些一流的雪茄有着柔和而丰富、微妙的风味，以及复杂的芬芳（它们有点像蒙特克里斯托雪茄，不过淡得多）。其标签颜色和图案都很像蒙特克里斯托雪茄。它们制作非常精良，燃烧质量很好。特级皇冠型号尤其受推崇，跟朗斯代尔一样。西加里托（Cigarrito）却是典型的令人不满意的型号。该品牌型号虽少但值得称赞。总体而言，它们是温和型哈瓦那雪茄中的佼佼者。

型　号

名称	长度（英寸）	环径
苗条	7 英寸	28
朗斯代尔	6½ 英寸	42
特级皇冠	5⅝ 英寸	46
小皇冠	5 英寸	42
小朗斯代尔	5 英寸	42
特级宾丽	5 英寸	37
宾丽	4⅝ 英寸	34
微朗斯代尔	4½ 英寸	40
西加里托	4½ 英寸	26
半杯	4 英寸	30

朗斯代尔：长 6½ 英寸，环径 42

小皇冠：长 5 英寸，环径 42

微朗斯代尔：长 4½ 英寸，环径 40

口味
中口 ○
适度 ■
浓郁 ○
直爽产品

| 拉蒙·阿隆
(RAMON ALLONES) | |

拉蒙·阿隆创立于 1837 年，虽然不属于哈瓦那雪茄中最著名的品牌，但也是许多行家们所钟爱的，是最好的浓郁型雪茄之一。在中等价位古巴雪茄中，它的价格较高——仅次于高希霸和蒙特克里斯托，与乌普曼、帕塔加斯和罗密欧与朱丽叶差不多。大多数拉蒙·阿隆雪茄为手工制作，但有几种是机制型号 [如望楼（Belvederes）、妙丽（Mille Fleurs）、德尔加多（Delgados）以及礼帽（Toppers）等]。

20 世纪 20 年代帕塔加斯工厂（以生产浓郁型雪茄著称）被著名的西富恩特斯公司收购，此后拉蒙·阿隆雪茄就一直由其负责生产。该品牌最初采用 8-9-8 形式的包装。

雪茄盒上所用的是西班牙皇室的纹章。拉蒙·阿隆本人从西班牙的加利西亚（Galicia）移居到古巴后，率先将彩色标签应用在雪茄盒上。

拉蒙·阿隆雪茄型号较多，风味都相当浓郁，制作精良，具有强烈的芳香（与帕塔加斯雪茄有些类似；但是无疑弱于玻利瓦尔雪茄，虽然二者是同一工厂生产的），采用深色的优质茄衣，燃烧质量很棒。小型号雪茄则颜色较浅，风味稍微温和一点。它们富含浅叶，不适合新手。8-9-8 形式包装的皇冠适于午餐后享用，而"巨人"（卓越）——8-9-8 形式包装的丘吉尔——和"特选"（罗布图）是晚餐后的最佳选择。细长的拉蒙妮塔（Ramonitas）则不推荐。这些雪茄都经过很好的陈化。

多米尼加也生产拉蒙·阿隆雪茄，质量很好，有着类似的标签（较大，方形而非圆形）。它们制作精良，风味适中至浓郁，价格相当贵。与古巴版不同，它们的大部分型号是用字母命名的。多米尼加版雪茄由通用雪茄公司生产，所用的是中等至深色的喀麦隆茄衣，墨西哥茄套，由多米尼加、牙买加和墨西哥烟草混合而成的茄芯。水晶（Crystals）雪茄采用单支玻璃管包装。

古巴型号

名称	长度（英寸）	环径
巨人	7½ 英寸	49
8-9-8	6¹¹⁄₁₆ 英寸	43
皇冠	5⅝ 英寸	42
小皇冠	5 英寸	42
宾丽	5 英寸	35
特选	4¹³⁄₁₆ 英寸	50
拉蒙妮塔	4¹³⁄₁₆ 英寸	26
小俱乐部皇冠	4⁵⁄₁₆ 英寸	42

多米尼加型号

名称	长度（英寸）	环径
雷东多	7 英寸	49
A	7 英寸	45
王牌	6¾ 英寸	43
水晶	6¾ 英寸	43
B	6½ 英寸	42
D	5 英寸	42

◎ 清淡浓郁
🄵 中等
◎ 非常浓郁

◎ 多米尼加
🄵 洪都拉斯
◎ 古巴其他

小俱乐部皇冠：长 $4^5/_{16}$ 英寸，环径 42

巨人：长 $7^1/_2$ 英寸，环径 49

特选：长 $4^{13}/_{16}$ 英寸，环径 50

罗密欧与朱丽叶
(ROMEO Y JULIETA)

罗密欧与朱丽叶是最著名的哈瓦那雪茄品牌之一，尤其是在英国。它的型号非常多，超过了 40 种。其中很多采用铝管包装，也有大量机制型号。这么多的种类，照例意味着并非所有型号都可以信赖，但这一品牌之下仍有一些非常好的雪茄，其中许多在同型号中可以归入最好的雪茄之列。

该品牌早期的成功应直接归功于罗德里格斯·费尔南德斯（Rodriguez Fernandez）的努力。人称"丕平"（Pepin）的费尔南德斯曾担任卡巴纳斯（Cabanas）工厂经理，但因不满它马上要被美国烟草公司（American Tobacco）接收，于 1903 年辞职开始自己创业。他用积蓄买下一家少有人知的烟厂，该厂自 1875 年起就在生产一种名叫罗密欧与朱丽叶的雪茄，这种雪茄只在古巴国内市场销售。但他有更宏大的构想。为了激励员工，他将 30% 的利润分给各部门主管，自己周游世界推广这一品牌。两年之内，员工增至 1400 名，不得不搬迁到一个更大的工厂。

他曾为帝王、国家元首以及其他人专门设计个性化的茄标（有一个时期工厂制作了 20000 种不同的茄标）。"丕平"一直全身心投入，对自己的品牌几乎到了痴迷的程度。他将他的赛马取名为朱丽叶，还试图买下意大利维罗纳（Verona）的凯普莱特之家（House of Capulet）——莎士比亚戏剧中故事发生的地方。虽然没能做到这一点，但他获准在那个著名的阳台下摆一个摊位，给每个参观者都免费提供一支雪茄，以此纪念赋予这品牌名字的那对倒霉的恋人，这样一直到

MADE IN HABANA. CUBA

1939 年。他于 1954 年去世。

罗密欧与朱丽叶著名的丘吉尔型号也是管装。它们制作非常精良，有着美妙的香味。然而，管装雪茄有时相当新鲜，却不如盒装雪茄陈化得好。贴有引人注目的金色茄标的丘吉尔型号 [其他型号，除了雪松（Cedros）系列之外，都贴着红色茄标] 是非常经典的适中至浓郁风味雪茄。皇冠型号通常采用科罗拉多马杜罗色茄衣，结构非常精良，但风味不稳定。奢华雪松 1 号（朗斯代尔）颜色较深，表面光滑，风味适中，不过有时对于喜欢该型号的人来说不够浓郁。展览会 4 号（美丽 4 号）采用油性茄衣，风味浓烈，适合大餐之后享用，受到许多雪茄行家的喜爱。奢华雪松 2 号是非常好的皇冠雪茄，个性十足。小朱丽叶在其型号中属于制作最精良、风味最浓郁的雪茄。

各种丘吉尔型号之间没有太大差别，但有些人声称威尔士亲王（Prince of Wales）雪茄比管装版要温和。1 号、2 号、3 号管装雪茄有的标有"奢华"（De Luxe）字样，有的则没有，千万不要将二者

古巴型号

名称	长度（英寸）	环径
丘吉尔	7 英寸	47
威尔士亲王	7 英寸	47
莎士比亚	6⅞ 英寸	28
奢华雪松 1 号	6½ 英寸	42
大皇冠	6 英寸	42
标力高	5½ 英寸	52
展览会 3 号	5½ 英寸	43
奢华雪松 2 号	5½ 英寸	42
皇冠	5½ 英寸	42
展览会 4 号	5 英寸	48
奢华雪松 3 号	5 英寸	42
小皇冠	5 英寸	42
微皇冠	4½ 英寸	40
小朱丽叶	4 英寸	30

弄混——后者是机制雪茄，质量较次。在英国，所有管装雪茄都是手工制作的，所以抽吸的时候不必有疑虑。猎人系列（Cazadores）（长 $6^{3/8}$ 英寸，环径 44）虽然是手工雪茄，但价钱最便宜，因为它是采用未经挑选的烟叶制作的。这些雪茄品质不稳定。

多米尼加也有一种名为罗密欧与朱丽叶的雪茄，其"特定年份"系列采用康涅狄格阴植茄衣，标准系列则采用颜色较深的喀麦隆茄衣。这两个系列都很好，制作精良，前者风味特别柔和。跟古巴罗密欧与朱丽叶一样，下面列出的只是部分型号。

多米尼加型号

名称	长度（英寸）	环径
君主	8 英寸	52
丘吉尔	7 英寸	50
总统	7 英寸	43
德尔加多	7 英寸	32
权杖	$6^{1/2}$ 英寸	44
罗密欧	6 英寸	46
棕榈	6 英寸	43
布雷瓦	$5^{3/8}$ 英寸	38
皇冠	$5^{1/2}$ 英寸	44
宾丽	$5^{1/4}$ 英寸	35
罗斯柴尔德	5 英寸	50
奇基塔	$4^{1/4}$ 英寸	32

C 多米尼加
F 温和至适中
Q 质量上乘

C 洪都拉斯
F 适中至浓郁
Q 质量上乘

特定年份系列

名称	长度（英寸）	环径
特定年份 V	$7^{1/2}$ 英寸	50
特定年份 VI	7 英寸	60
特定年份 IV	7 英寸	48
特定年份 II	6 英寸	46
特定年份 I	6 英寸	43
特定年份 III	$4^{1/2}$ 英寸	50

ROMEO Y JULIETA
MEDALLAS DE ORO

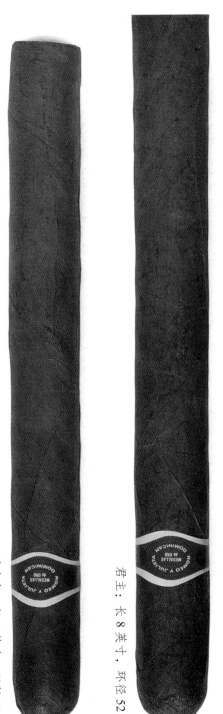

总统：长 7 英寸，环径 43

君主：长 8 英寸，环径 52

丘吉尔：长 7 英寸，环径 50

丘吉尔：长 7 英寸，环径 47

布力高：长 5½ 英寸，环径 52

展览会 4 号：长 5 英寸，环径 48

皇家牙买加 (ROYAL JAMAICA)

这种雪茄以前产自牙买加，1988 年的一场飓风将工厂和烟草同时摧毁，此后便转移至多米尼加生产。它们仍然是最好的温和型雪茄之一。大多数皇家牙买加雪茄采用喀麦隆茄衣，较浓郁的马杜罗系列则采用巴西茄衣。

型　号

名称	长度（英寸）	环径
唐宁街十号	10 英寸	51
歌利亚	9 英寸	64
独特	8½ 英寸	52
丘吉尔	8 英寸	51
巨皇冠	7½ 英寸	49
双皇冠	7 英寸	45
达布隆	7 英寸	30
纳瓦罗	6¾ 英寸	34
大皇冠	6½ 英寸	42
铝管 2 号	6½ 英寸	34
长剑	6½ 英寸	28
柏宁	6 英寸	47
铝管 1 号	6 英寸	45
导演 1	6 英寸	45
纽约广场	6 英寸	40
皇家皇冠	6 英寸	30
皇冠	5½ 英寸	40
海上劫掠者	5½ 英寸	30
南美牛仔	5¼ 英寸	33
小皇冠	5 英寸	40
罗布图	4½ 英寸	49
海盗	4½ 英寸	30

马杜罗型号

名称	长度（英寸）	环径
丘吉尔	8 英寸	51
大皇冠	6½ 英寸	42
皇冠	5½ 英寸	40
海上劫掠者	5½ 英寸	30

双皇冠：长 7 英寸，环径 45

海盗：长 4 1/2 英寸，环径 30

柏宁：长 6 英寸，环径 47

C 多米尼加
F 温和
Q 质量上乘

圣路易斯·雷伊 (SAINT LUIS REY)

这个哈瓦那品牌由英国烟草进口商迈克·德·凯泽（Michael de Keyser）和纳森·西尔韦斯通（Nanthan Silverstone）在大约50年前创立。品牌名称源自一部很受欢迎的美国电影《圣路易斯·雷伊之桥》（*The Bridge of San Luis Rey*）[桑顿·威尔德（Thornton Wilder）编剧，阿基姆·坦米罗夫（Akim Tamiroff）、艾拉·娜兹莫娃（Alla Nazimova）主演]。机缘巧合，古巴有一个城镇叫圣路易斯·奥比斯波（San Luis Obispo）。

该品牌的特色是重量级的适中至浓郁风味雪茄。它们由罗密欧与朱丽叶工厂生产，很多地方与罗密欧雪茄相像。该品牌拥有许多雪茄迷，其中包括弗兰克·西纳特拉（Frank Sinatra）和演员詹姆斯·柯本（James Coburn）。该品牌雪茄质量非常高，但是每年仅限量生产60000支。

这种雪茄的雪茄盒以白色为主，贴有红色标签，不要与古巴制造、供应德国市场的另一个品牌圣路易斯·雷伊（San Luis Rey）弄混。在德国，还有同名品牌的一个机制系列，由维利格（Villiger）工厂采用哈瓦那烟叶生产，供应大众市场。该品牌的标志与上述雪茄类似，只是标签是黑色的。

这些雪茄属于最好的哈瓦那雪茄。茄衣深色至暗色，光滑，具有油性，风味虽然浓郁却精致。雷吉奥斯（罗布图）雪茄非常好，就像较温和、不那么浓郁的丘吉尔。圣路易斯·雷伊雪茄较大多数哈瓦那品牌便宜（当然是与同质量雪茄相比）。其型号不多。

型　号

名称	长度（英寸）	环径
丘吉尔	7 英寸	47
朗斯代尔	6½ 英寸	42
A 系列	5⅝ 英寸	46
皇冠	5⅝ 英寸	42
富豪	5 英寸	48
小皇冠	5 英寸	42

丘吉尔：长 7 英寸，环径 47

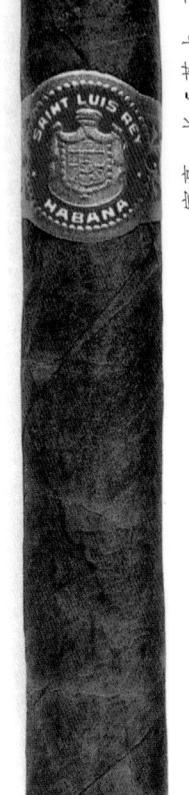

富豪：长 5 英寸，环径 48

皇冠：长 5⅝ 英寸，环径 42

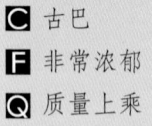

C 古巴
F 非常浓郁
Q 质量上乘

桑丘·潘沙
(SANCHO PANZA)

该品牌并非那么有名，但属于品质好、值得依赖的哈瓦那雪茄，如果要说缺点，那就是对真正的雪茄行家来说，风味有些过于清淡。但对有些人来说，它们的风味微妙而柔和，甚至可以说精美，尤其是莫利诺（Molino）（朗斯代尔）雪茄，虽然有些抽烟者觉得有时它略带咸味。它们的结构有时不尽如人意：燃烧不够顺畅。但巨皇冠制作非常精良。就连鱼雷形的标力高在同型号中也是温和的（可能是最温和的）。蒙特克里斯托 A 型号的桑丘雪茄也是如此。此雪茄型号不多。它们非常适合新手，或者用于白天抽吸。该品牌在英国市场只是昙花一现，但在西班牙十分流行。它正计划拓宽市场。

惊讶：长 5¹/₁₆ 英寸，环径 42

特定年份系列

名称	长度（英寸）	环径
桑丘	9¼ 英寸	47
巨皇冠	7 英寸	47
莫利诺	6½ 英寸	42
长宾丽	6½ 英寸	28
皇冠	5⅝ 英寸	42
标力高	5½ 英寸	52
惊讶	5¹/₁₆ 英寸	42
单身汉	4⅝ 英寸	40

C 古巴
F 温和
Q 质量上乘

圣克拉拉 (SANTA CLARA)

墨西哥最好的雪茄之一。产自圣安德烈斯地区，所用茄衣也是当地出产的。该品牌创立于 1830 年，风味适中，制作精良。大部分型号都有浅褐色和深褐色两种茄衣，最近新增的大部分型号，例如管装首相（Premier Tube）和罗布图等也是如此。

IV 号：长 5 英寸，环径 44

型　号

名称	长度（英寸）	环径
Ⅰ 号	7½ 英寸	52
管装首相	6¾ 英寸	38
Ⅲ 号	6⅝ 英寸	43
Ⅱ 号	6½ 英寸	48
Ⅵ 号	6 英寸	51
Ⅴ 号	6 英寸	44
Ⅶ 号	5½ 英寸	25
Ⅳ 号	5 英寸	44
罗布图	4½ 英寸	50
奎诺	4¼ 英寸	30

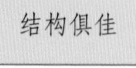

C 墨西哥
F 适中
Q 烟叶质量和
结构俱佳

圣达米亚娜 (SANTA DAMIANA)

圣达米亚娜曾是古巴著名的烟草种植园和品牌名称。现在，它指的是一个相当新的高质量手工雪茄品牌，该品牌在多米尼加共和国东南海岸的拉·罗马纳生产。

拉·罗马纳工厂离豪华的旅游胜地田园之家度假村（Casa de Campo）不远，是世界上最先进的手工雪茄厂之一，拥有针对古老的雪茄卷制工艺的现代化质量控制技术。销往美国和欧洲的产品线，茄芯混制方法不同，型号名称也不同。美国型号名为精选100号、精选300号等，茄芯较清淡；欧洲型号则使用传统名称，这是为了吸引偏爱较浓郁风味的雪茄客。两种雪茄均制作精良，质量稳定。

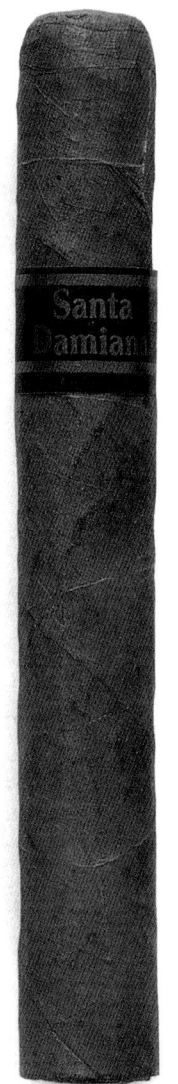

精选 300 号：长 5½ 英寸，环径 46

型　号

名称	长度（英寸）	环径
精选 800 号	7 英寸	50
精选 100 号 / 　　丘吉尔	6¾ 英寸	48
精选 700 号	6½ 英寸	42
精选 300 号	5½ 英寸	46
皇冠	5½ 英寸	42
精选 500 号	5 英寸	50
小皇冠	5 英寸	42
管状 400 号	5 英寸	42
宾丽	4½ 英寸	36

HAND MADE　Santa Damiana　DOMINICAN REPUBLIC

C 多米尼加
F 温和至适中
Q 质量上乘

**索萨
(SOSA)**

　　该品牌 20 世纪 60 年代早期由胡安·索萨（Juan B. Sosa）在小哈瓦那（Little Havana）创立，其雪茄由三个国家的烟草混合制成。70 年代早期迁至多米尼加共和国，目前在阿图罗·富恩特工厂的新车间里生产。采用深褐色、原色和马杜罗色的厄瓜多尔茄衣，洪都拉斯茄套，多米尼加茄芯，塑造出怡人而独特的适中至浓郁风味。该品牌正努力在合理的价格下营造古巴风格的口感。

丘吉尔：长 7 英寸，环径 48

型　号

名称	长度（英寸）	环径
梦龙	7½ 英寸	52
金字塔 #2	7 英寸	48
丘吉尔	7 英寸	48
朗斯代尔	6½ 英寸	43
统治者	6 英寸	50
布雷瓦斯	5½ 英寸	43
韦维尔	4¾ 英寸	50

Ｃ 多米尼加
Ｆ 适中至浓郁
Ｑ 仍需努力

苏埃尔迪克 (SUERDIECK)

巴西最著名的雪茄之一，风味适中。产品线大部分是非常相似的小环径型号。它们并非雪茄行家们喜欢的雪茄——制作不够精良，中褐色的巴西茄衣（雪茄所用的茄芯和茄套也产自巴西）还有很大的进步空间。不过有些人喜爱这种风味。

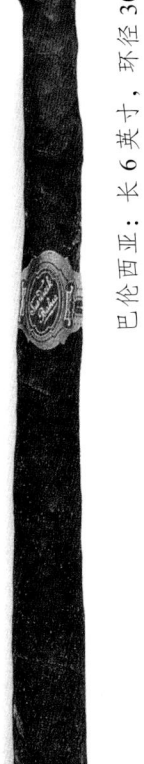

巴伦西亚：长 6 英寸，环径 30

型 号

名称	长度（英寸）	环径
嘉年华	6 英寸	30
巴伦西亚	6 英寸	30
绅士	6 英寸	30
巴西利亚	5¼ 英寸	30
国父	5 英寸	38

C 巴西
F 温和至适中
Q 仍需努力

坦普尔·霍尔
(TEMPLE HALL)

该品牌创立于 1876 年，由通用雪茄公司再度推出。坦普尔·霍尔工厂设在牙买加，其产品有点像较为浓郁的马卡努多雪茄。也像马卡努多雪茄，其茄衣采用康涅狄格阴植烟叶，茄芯由牙买加、多米尼加和墨西哥烟草混制而成。茄套产自墨西哥的圣安德烈斯地区。

它们制作精良，风味微妙，在同类雪茄中即使不是最好也差不多。坦普尔·霍尔也为登喜路生产一个特殊系列（有点温和，配方不同）的雪茄。450 是唯一采用墨西哥茄衣的型号。该品牌共有 7 种型号。

型　号

名称	长度（英寸）	环径
700	7 英寸	49
685	6⅞ 英寸	34
675	6¾ 英寸	45
625	6¼ 英寸	42
550	5½ 英寸	50
500	5 英寸	31
450	4½ 英寸	49

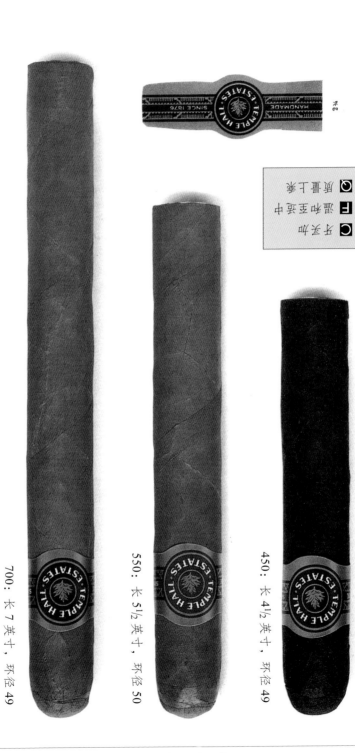

700: 长 7 英寸，环径 49

550: 长 5¹/₂ 英寸，环径 50

450: 长 4¹/₂ 英寸，环径 49

◎ 劲度适中
Ⓕ 中等至醇和
◎ 香味浓烈

特雷萨多 (TRESADO)

这是一个相当新的多米尼加品牌，由联合雪茄公司制造和进口。雪茄制作精良，风味适中。

型 号

名称	长度（英寸）	环径
100 号	8 英寸	52
200 号	7 英寸	48
400 号	6⅝ 英寸	44
300 号	6 英寸	46
500 号	5½ 英寸	42

C 多米尼加
F 温和至适中
Q 烟叶质量和
  结构俱佳

200 号：长 7 英寸，环径 48

特立尼达 (TRINIDAD)

这款雪茄还未上市，但是最近有少数——经过邀请的——人有机会品尝了一下。那是 1994 年 10 月，马文·沙尔肯（Marvin Sharken）的巴黎"世纪之宴"上的 164 位客人。该品牌的首创雪茄仅有一种型号——拉吉托 1 号，它类似于高希霸的长矛雪茄。它的茄衣颜色比所有高希霸雪茄都要深，口感丰富，带有土味。在场的客人品尝后，认为它似乎更适合餐后享用。

特立尼达的来历至今仍是一个谜。人们认为，在高希霸雪茄公开销售之后，已经戒烟的古巴总统菲德尔·卡斯特罗创立了这个品牌，代替高希霸作为赠给各国首脑的独家礼物。但在《雪茄迷》（1994 年夏天）对卡斯特罗的访问中，他在事实上否认了知道这个品牌的存在。他很乐意继续向酷爱雪茄的朋友提供高希霸雪茄。

C 古巴
F 温和至适中
Q 顶级产品

特立尼达：长 7½ 英寸，环径 38

季诺 (ZINO)

该品牌是季诺·大卫杜夫专为美国市场创立的，当时他仍然在古巴生产他的主要品牌。季诺是制作精良的洪都拉斯雪茄，共有 3 个系列。木桐嘉棣（Mouton Cadet）系列很恰当地贴着酒红色茄标，是 80 年代中期季诺在他的合伙人恩斯特·施耐德博士和菲利普·德·罗斯柴尔德男爵夫人（La Baronne Phillipine de Rothschild）陪伴下进行跨洲旅行时上市的。这些雪茄风味适中，采用有趣的红棕色茄衣。鉴赏家系列主要是大环径雪茄，是为大卫杜夫的麦迪逊大道烟草店的开张而制作的。标准系列贴有金色茄标，其中包括 7 英寸长、环径 50 的"真理"（Veritas）型号，后来引发出一句经典的拉丁文双关广告"In zino Veritas"[译者注：有句拉丁文谚语 In vino veritas（酒后吐真言）]。

型　号

名称	长度（英寸）	环径
鉴赏家 100	7¾ 英寸	50
鉴赏家 200	7½ 英寸	46
真理	7 英寸	50
管装季诺 1 号	6¾ 英寸	34
高雅	6¾ 英寸	34
少年	6½ 英寸	30
传统	6¼ 英寸	44
鉴赏家 300	5¾ 英寸	46
钻石	5½ 英寸	40
公主	4½ 英寸	20

木桐嘉棣型号

名称	长度（英寸）	环径
1 号	6½ 英寸	44
2 号	6 英寸	35
3 号	5¾ 英寸	36
4 号	5⅛ 英寸	30
5 号	5 英寸	44
6 号	5 英寸	50

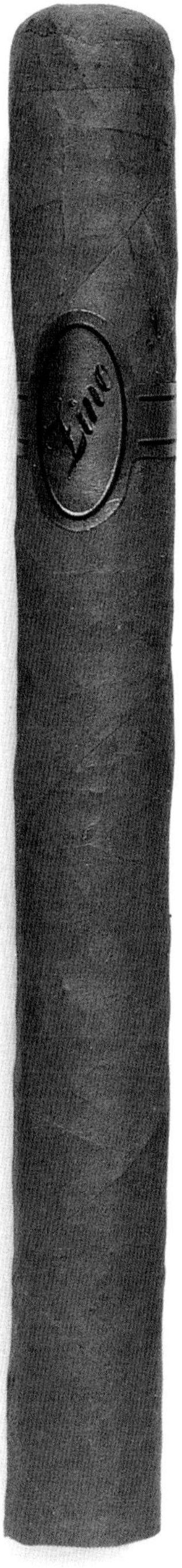

真理：长 7 英寸，环径 50

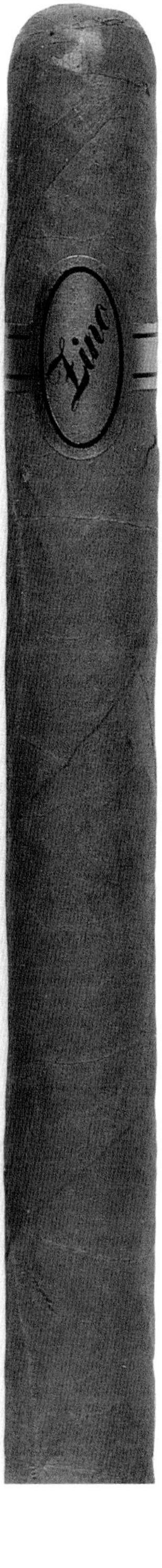

鉴赏家 100：长 $7\frac{3}{4}$ 英寸，环径 50

木桐嘉棣 6 号：长 5 英寸，环径 50

C 洪都拉斯
F 温和至适中
Q 质量上乘

雪茄风味浓度

在某种程度上，古巴雪茄是独一无二的。所有的哈瓦那雪茄所用的烟草都种植在这个岛上。它们的风味一般是适中至浓郁，但由于烟叶种类繁多，某些品牌的雪茄可以做到出奇温和。

其他地方例如多米尼加共和国和洪都拉斯出产的雪茄，通常是用几个国家的烟草混合制成的。因此，我们不可能制定严格的风味规则。大致来说，康涅狄格茄衣与多米尼加茄芯通常较温和，马杜罗色茄衣口感甘甜，洪都拉斯和尼加拉瓜茄芯通常略带辛辣。

按风味浓度对雪茄进行分类，列表如下：

原产国

C 古巴	H 洪都拉斯	M 墨西哥
CI 加那利群岛	J 牙买加	N 尼加拉瓜
D 多米尼加共和国		

温 和

阿什顿 D	马卡努多 J	皇家牙买加 D
卡萨布兰卡 D	普莱亚迪斯 D	乌普曼 C
科斯塔-雷伊 D	拉斐尔·冈萨雷斯 C	

温和至适中

阿图罗·富恩特 D	格里芬 D	雷伊·德尔·蒙多 C
阿沃 D	拉·因维克塔 H	罗密欧与朱丽叶 C
巴乌萨 D	尼加拉瓜珍宝 N	圣达米亚娜 D
金丝雀 D	普里莫·德尔·雷伊 D	特-阿莫 M
大卫杜夫 D	潘趣 C	坦普尔·霍尔 J
唐迭戈 D		

适中至浓郁

阿里亚多斯 H	登喜路 D	蒙特克里斯托 C
高希霸 C	圣剑 H	蒙特克鲁兹 D
五世纪 H	亨利·克莱 D	波尔·拉腊尼亚加 C
唐拉莫斯 H	莫查 H	保罗·加米利安 D

浓 郁

玻利瓦尔 C	拉蒙·阿隆 C
帕塔加斯 C	圣路易斯·雷伊 C

第三章

雪茄的购买与储存

为大卫·伯克比尔所有，位于华盛顿的乔治敦烟草公司。

第一节　雪茄的购买

当你打算购买一盒手工雪茄（当然是哈瓦那雪茄）时，你应该要求店员打开盒子检查一下。正派的雪茄商是不会拒绝的；如果他拒绝，要么是他不懂得如何做生意，要么是雪茄真有问题。首先要做的是用眼观察：它们必须看起来不错。确保所有雪茄是同种颜色。它们应该正确地放置：颜色最深的放在左边，最浅的放在右边。如果颜色有明显差异，最好拒绝购买，因为这盒雪茄可能风味不一致，而且在工厂没有经过最后的质量检查。如果雪茄颜色明显不同且盒子已经被打开过，更有可能意味着其中的一些雪茄来自其他的雪茄盒（或者是顾客、雪茄商把它们弄乱了）——这是另一个拒绝购买的充分理由。所有雪茄的茄衣卷转方向应该一致。要大胆地把雪茄拿起来闻一闻，看看香味是否可以接受——这也是你所付价钱应得的一部分。如果气味不错，那么口感应当也可以。闻一闻雪茄的切口端，或者抽出一支闻闻空出来的地方：这样能感受到雪茄最馥郁的香气。

伦敦杰明街上的大卫杜夫商店。

再挑一两支雪茄摸摸看。当你用手指轻捏时，雪茄应稍微内陷，但很快恢复原状。它们应该是光滑的。如果轻压发出声音，则说明雪茄放置时间过长，或者太干。如果不能恢复原状，说明雪茄制作得不好。如果按压时雪茄没有弹性或者软塌塌的，说明它们储存得不好，而且抽吸起来会很糟糕。就一支新鲜（出厂不超过 3 个月）雪茄而言，即使你将它捏扁，放手之后仍可恢复原状。

可能的话，买大盒装的雪茄（比如说，每盒 10 支、25 支装的），而不要买小盒 5 支装的，因为小盒装的雪茄通常较差且口感不够一致。透过一层玻璃纸检查，也不如打开盒子检查容易。有些大型雪茄店出售雪茄时用自己的盒子或贴上它们的"自有商标"，这是一种销售策略。如果你家里有一两个空雪茄盒，买散装雪茄就可以，否则你就得为那些花哨的包装额外花钱了。对于抛光的雪茄盒来说也是这样，如果可以选择的话，买那些雪松木盒装的，除非你很喜欢抛光雪茄盒或者要把它们作为礼物。除非有精密的储藏设备，否则你最好买能在近期（例如说一两个月）抽完的量。

内衬雪松木的铝管装雪茄（由 H. 乌普曼发明）虽然携带非常方便，但当铝管密封不严时雪茄会变得相当干。它们有时还会丧失香气，不像盒装雪茄陈化得那么好。这在小型号雪茄上表现得尤其明显，不管制造商是如何声称的。另一方面，你也能找到状况很好的管装雪茄。比如著名的罗密欧与朱丽叶的丘吉尔雪茄，铝管上就有声明："未打开前，铝管可以完整保存本优质哈瓦那雪茄的芬芳风味。"不过很多人不以为然。

用玻璃纸包装的雪茄，品质可以做到与散装雪茄一样好（机制雪茄除外）。它们保存得很好，不过熟化程度差一些。有时玻璃纸会因为吸收了雪茄中所含的油脂而变成褐色。这不会对雪茄质量造成影响，尤其是在随后适当加湿的情况下。手工哈瓦那雪茄很少用玻璃纸包装，然而高希霸的一些型号在用小包装出售时会这么做。

纽约的大卫杜夫商店。

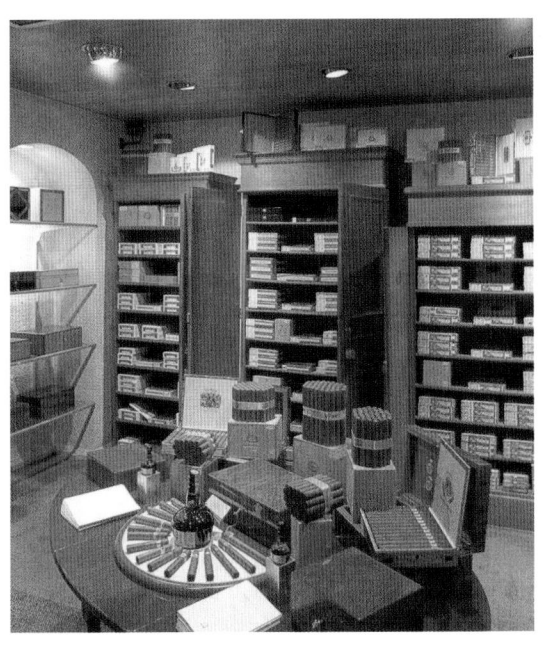

历史悠久的伦敦登喜路商店。

哈瓦那的乌普曼雪茄"水晶"（Cristales）（一种皇冠型号）等会用密封罐包装。这意味着里面装的是"新鲜"雪茄，理论上没有经过熟化，抽吸起来就像刚制作出来的一样。

伦敦 [拥有 200 年老店福克斯 - 刘易斯（Fox & Lewis）以及大卫杜夫、登喜路等商店] 被公认为欧洲购买手工雪茄——当然是哈瓦那雪茄——的最好去处。伦敦的大卫杜夫分店一年销售约 400000 支手工雪茄，包括 220 种不同型号和品牌。但英国的进口税和烟草税较高，所以雪茄售价并不便宜。同样，巴黎和日内瓦（大卫杜夫总部所在地）也是购买雪茄的好地方。在欧洲大部分一流雪茄店里，你不太可能会看到使用古巴品牌的非古雪茄，因此不必有太多疑虑。尽管西班牙是欧洲进口雪茄最多的国家（西班牙人一年要抽掉 3000 万支雪茄，而在英国这一数字是 500 万支），但是那里的哈瓦那雪茄质量值得怀疑，因为市场上还有很多机制雪茄，虽然价格比大部分其他欧洲国家要便宜。在斗牛时抽雪茄已成一种特殊风俗。在伦敦可以找到很好的非古手工雪茄，当然在美国的大雪茄店里也可找到。

　　要小心便宜雪茄——例如大减价时。有些机制雪茄也贴着著名的哈瓦那雪茄标签。按照惯例，一定要仔细检查雪茄盒。在机场也是如此，那里的免税雪茄的价格可能看起来很诱人。其储存条件通常不好，但是高流通率意味着雪茄还是可以抽吸的。那里不让仔细检查，因此购买时存在风险。一定要避开小烟草店、报摊以及类似的地方，那里的雪茄几乎总是放置过久且储存不当。

第二节　雪茄的储存

　　像所有自然产品一样，雪茄也必须小心保存。它们的保存温度既不能太高也不能太低，并处在一定湿度的环境中——理想的温度是60°F—70°F（15.6℃—21.1℃），湿度在65%—70%之间。这可能很难实现，尤其是在装有空调或中央供暖系统的家庭。但至少应该把你的雪茄放在一个密封的橱柜或盒子里，远离热源，最好放在房间里温度最低的地方。把雪茄放在雪松木盒子里——雪松木有利于雪茄的储存。你可以在橱柜里放一块湿海绵。可以把雪茄盒放在塑料袋里，以防止水分蒸发；在放入之前，先往袋子里喷点水。在袋子里放一块湿海绵或一杯水，别离雪茄太近，这样有助于雪茄保湿（只要袋子不是完全密封的，就会有一些气流，而且雪茄盒要保持半开）。

　　一些专家建议将雪茄储存在密封袋里，放到冰箱的蔬菜保鲜层。但在这种情况下，在抽之前，你至少要提前半小时将雪茄从冰箱里拿出来，使它恢复到室温。有许多人批评这种储存方法，你在使用时必须格外小心。如果要把雪茄放在冰箱，密封袋（在合上或密封之前要排出多余的空气）是必不可少的。你也可以从引领潮流的雪茄商人那里买到小型加湿器。它们有不同的形状和型号（从药盒大小到小的塑料条状），可以放在雪茄盒里（取出一两支雪茄腾出位置）。这些装置中的湿海绵或白垩将有助于雪茄保湿（但要小心检查，每月一次，确保海绵还没有干）。使用金属管保存雪茄也是同样的道理。

许多进口商和雪茄商使用自封袋（Zip Lock）或其他可密封的厚塑料袋邮寄雪茄给大客户，它们是非常有用的，尤其是在带雪茄旅游时。可以在袋子里放一块稍微潮湿的海绵，或者喷点水，然后把雪茄盒放进去。

雪茄如果储存在温暖的环境中，有时会出现小虫子——尤其是烟草甲虫。高温会使虫卵孵化。绝对不要把雪茄存放在阳光直射或有海风吹拂的地方。如果在低温下储存雪茄，必须相应地提高湿度。

保湿盒通常采用胡桃木（walnut）、桃花心木（mahogany）和红木（rosewood）等木材制作（市场上也有有机玻璃的），一般价格昂贵，有多种型号。只有当你经常抽雪茄时，它们才真正值得购买。你应该确保盖子——应是沉重的——能够紧紧地合上，并且有一个湿度计来监测湿度。保湿盒应该制作精良，内部没有涂层。要特别留意并且记住，保湿盒只会调节湿度，而不是温度，所以你还得找个合适的地方来放它。如果保湿盒里有位于不同位置的托盘就更有用了，这样可以分别储存不同型号的雪茄，还可以在盒子里调换雪茄的位置。保

保湿盒。有很多选择。

湿盒的价格从 200 美元到 2000 多美元不等——但就顶级保湿盒而言，你支付的费用一半是为它作为家具的价值，一半是为其实际用途。例如，英国女王伊丽莎白二世的外甥、储藏柜制造者林利子爵（Viscount Linley）通过登喜路推出的做工精美的保湿器，起价 2000 美元。有机玻璃样式的售价不到 200 美元，但是足够使用了。选择保湿器时要非常小心：许多是无用的或需要仔细监测。

　　木头或皮革制成的小型保湿器也可供旅行者使用。大卫杜夫等甚至破天荒地推销带有雪茄和配件隔层，或者内置迷你保湿盒的公文包。市场上有许多口袋雪茄盒。最好的是皮制的；最实用的设计是可拉开的"望远镜"型硬质盒，它既可以容纳大雪茄，也可以容纳小雪茄。一些口袋型的盒子通常带有迷你保湿设置。对于想拥有一切的雪茄客来说，市场上有各式各样的工具，例如黄铜、银和镀金雪茄管，精美的打火机，银火柴盒等。

第三节　干雪茄的复原

　　如果雪茄很干，它们就很难复原到令人满意的程度。但是，从本质上讲，水分既然能从雪茄中散发出去，应该也能被吸收回来。一个最简单而且通常有效的方法是，把打开的雪茄盒放在一个大塑料袋里，袋口不完全密封（必须有一点空气流动）。在袋子里放一杯水或一块潮湿的海绵。每隔几天转动一下雪茄，也要记得把雪茄盒底部的雪茄换到上部。大约三周左右，雪茄将恢复到可以抽吸的状态。这在很大程度上是一个反复试验的过程，你必须密切关注它们。然而，它们本来已经干了，已经失去了很多香味，无法与保存完好的雪茄相比。在任何情况下，雪茄失去水分都很慢，同时恢复水分也很慢。你需要耐心，试图采取极端措施只会毁了雪茄。

　　另一种使一盒雪茄恢复的简单方法是，比如在旅行回来之后，把雪茄盒倒置过来，放在一个缓慢出水的水龙头下。注意：盒子的底部应该被水打湿，但不能太多。你也可以改用海绵打湿盒子底部。把多余的水抖掉，将盒子放在一个密封的袋子里。几天之后，雪茄的状况就会好一些。

　　一些大型雪茄店会用自己的保湿室为顾客恢复雪茄（需要一个月左右），尤其是在当你是常客的情况下。伦敦大卫杜夫商店迷人且知识渊博的爱德华·萨哈基安（Edward Sahakian）甚至会为那些不是常客的人提供这项服务——免费的。他说："这样做对他和我自己来说都会带来足够的乐趣。"

　　顶级雪茄店也会为老客户储存雪茄。

　　将雪茄放在不完全密封的塑料袋里，是使其恢复失去的水分的一种方法。

第四节　雪茄的收藏

只有古巴革命战争前的哈瓦那雪茄才真正具有收藏市场。它们会有溢价，比当前的雪茄零售价要高 5 到 6 倍。伦敦是找到这些雪茄的最佳地点，因为那里的重要雪茄店都有存放大量雪茄的老传统。这些雪茄通常是在人们意识到自己永远也抽不完存货，或者在主人死后（有时没有明确的受益人）才进入市场的。这些雪茄对于美国雪茄客而言特别具有吸引力，他们可以问心无愧地购买和进口，因为 1962 年美国对古巴实施了贸易禁运。未开封的盒装雪茄是最受欢迎的，现在绝版的型号和品牌也是如此。

你可以分辨出革命战争前的雪茄盒，因为下面写着"Made in Havana-Cuba（古巴哈瓦那制造）"，而不是革命战争之后使用的西班牙语。

至于这些老雪茄是否真的值得购买，那就是另一个问题了。就像陈年葡萄酒一样，要看运气。如果储存得当，且日期不早于 20 世纪 50 年代，它们也许仍能带来非常令人满意和有趣的抽吸体验。但是，无论储存得多么好，它们也只是之前的影子，带有一点点霉味。深色雪茄（科罗拉多、科罗拉多马杜罗或马杜罗）是最好的选择。即使在最好的储藏条件下，雪茄也不应该保存超过 10 到 15 年：存放的时间越长，它的香气和风味就会丧失越多。

革命战争前的雪茄盒上的标记。

雪茄商名录

澳大利亚

墨尔本
Benjamins Fine Tobacco
Shop 16, Myer House
Arcade, 25 Elizabeth Street
Tel: 39 663 2879

Daniels Fine Tobaccos
Melbourne Central, 300
Lonsdale Street
Tel: 39 663 6842

悉尼
Alfred Dunhill
74 Castlereagh Street
Tel: 292 35 16 00

加拿大

卡尔加里
Cavendish-Moore's
Tobacco Ltd
Penny Lane Market
Tel: 403 269 2716

多伦多
Thomas Hinds Tobacconist
8, Cumberland Street
Tel: 416 927 7703

Havana House
9 Davies Avenue
Tel: 416 406 6644

维多利亚
Old Morris Tobacconist
1116, Government Street
Tel: 250 382 4811

温哥华
R. J. Clarke Tobacconist
No 3, Alexander Street
Tel: 604 687 4136

Vancouver Cigar Co.
1938 West Broadway
Tel: 604 737 1313

中国

香港
The Cohiba Cigar Divan
The Mandarin Oriental Hotel
Tel: 852 2522 0111

Pacifie Cigar Company Ltd
8/F China Hong Kong Tower
Tel: 852 2528 3966

法国

巴黎
A Casa del Habano
69 Boulevard Saint-Germain
Tel: 331 4549 2430

La Civette
157 rue Saint Honore
Tel: 331 4296 0499

德国

柏林
Horst Kiwus
Kantstr.56
Tel: 30 3124450

汉堡
Duske u. Duske
Großen Bleichen 36
Tel: 040-343385

Pfeifen Timm
Jungfernstieg 26
Te1: 040245187

科隆
Pfeifenhaus Heinrichs
Hahnenstr.s
Tel: 0221-256483

慕尼黑
Max Zechbauer
Residenzstrasse 10
Tel: 49 89 29 68 86

西班牙

巴塞罗那
Gimeno
101 Paseo de Gracia
Tel: 3302 0983

瑞士

GENEVA
Davidoff & Cie
2 Rue de Rive
Tel: 41 223 10 90 41

英国

巴斯
Frederick Tranter
5, Church Street
Abbey Green
Tel: 01225 466197

剑桥
Harrison & Simmonds
17, St. Johns Street
Tel: 01223 324515

爱丁堡
Herbert Love
31, Queensferry Street
Tel: 0131 225 8082

格拉斯哥
The Tobacco House
9, St. Vincent's Place
Tel: 0141 226 4586

伦敦
Davidoff of London
35, St. James's Street, SW1.
Tel: 0171 930 3079

Alfred Dunhill Limited
30, Duke Street St. James's,
SW1.
Tel: 0171 499 9566

Fox/Lewis Cigar Merchants
19, St.James's Street, SW1.
Tel: 0171 930 3787

Harrods
Knightsbridge, SW1.
Tel: 0171 730 1234

Havana Club
165 Sloane St, SW1.
Tel: 0171-245 0890

Sauter of Mayfair
106, Mount Street, W1.
Tel: 0171 499 4866

Selfridges
Oxford Street, W1.
Tel: 0171 629 1234

Shervingtons
337, High Holborn, WC1.
Tel: 0171 405 2929

W. Thurgood
London Wall, EC2M 5QD.
Tel: 0171 628 5437

G. Ward
60, Gresham Street, EC2.
Tel: 0171 606 4318

曼彻斯特
Astons
Royal Exchange Centre
Tel: 0161 832 7895

埃文河畔斯特拉福德
Lands
29, Central Chambers,
Henley Street.
Tel: 01789 292508

美国
加利福尼亚
The Beverly Hills Pipe &
 Tobacco Co.
218 North Beverly Drive
 Beverly Hills
Tel: 310 276 3200

The Big Easy
12604 Ventura Boulevard
 Studio City
Tel: 818 762 EASY(3279)

Century City Tobacco
Shoppe
10250 Santa Monica
 Boulevard (Century City
Shopping Center) Los
Angeles
Tel: 310 277 0760

Davidoff of Geneva
232 Via Rodeo/North Rodeo
Drive Beverly Hills
Tel: 310 278 8884

Alfred Dunhill of London
201B North Rodeo Drive
 Beverly Hills
Tel: 310 274 5351

Gus's Smoke Shop
13420 Ventura Boulevard
Sherman Oaks
Tel: 818 789 1401

芝加哥
Jack Schwartz Importers
175 W. Jackson
Tel. 312-782 7898

Iwan Ries & Co.
19 South Wabash Ave.
Tel: 312 372 1306

Rubovits Cigars
320 South LaSalle St.
Tel: 312 939 3780

堪萨斯城
Diebels Sportsmens Gallery
426, Ward Parkway
Tel: 800 305 2988

兰开斯特
Demuth's Tobacco Shop
114 East King St.
Tel: 717 397 6613

马萨诸塞州
David P. Ehrlich Co.
32 Tremont St.
Tel: 617 227 1720

L.J. Peretti Company, Inc.
21/2 Park Square
Tel: 617 428 0218

Leavitt & Peirce
1316 Massachusetts Ave.
Tel: 617 547 0576

纽黑文
The Owl Shop
268, College Street
CT 06510

纽约州纽约市
Arnold's Cigar Store
323 Madison Avenue
Tel: 212-697 1477

Davidoff of Geneva
535 Madison Avenue 54th
Street
Tel: 212 751 9060

De La Concha Tobacconists
1390 Avenue of the Americas
Tel: 212 757 3167

Nat Sherman Inc.
500 Fifth Avenue
Tel: 212 246 5500

俄亥俄州
Straus Tobacconist
410-412 Walnut St.
Tel: 513 621 3388

俄勒冈州
Rich's Cigar Store Inc.
801 SW Alder St.
Tel: 503 228 1700

费城
Holt Cigar Co. Inc.
1522 Walnut Street
Tel: 800 523 1641

华盛顿
Georgetown Tobacco
3144 M North West
Washington DC
Tel: 202 338 5100

W. Curtis Draper Tobacconist
640 14th St. N.W.
Tel: 202 638 2555